STYLISH
RETAIL STORE INTERIORS

全球时尚店铺

［新西兰］布兰登·麦克法兰
（Brendan MacFarLane）\ 编

李楠　贾楠\译

广西师范大学出版社
·桂林·

images
Publishing

目录

4 前言

5 引言

5 第 1 章 零售商店的发展   13 第 3 章 零售商店设计

8 第 2 章 店铺销售空间的利用

16 **案例分析**

服装

18 迈阿密 In-sight 童装概念店   62 Frame Magazine 零售店

24 棉花共和国旗舰店   68 马斯特里赫特鞋店

28 SND 时装店   74 "体积与空白" 鞋店

36 Runway 精品店   80 迷失的花园旗舰店

42 第五大道鞋店   86 耐克 Tech Pack

50 明日世界西服订制店   92 阿迪达斯 DAS 107 店

54 "就试" 试衣间   98 莫罗·伯拉尼克鞋子天堂

化妆品

102 巴黎 Frédéric Malle 香水精品店   120 Uniprix 药妆店

108 雪花秀旗舰店   124 Univers NuFace 美容店

116 HARMAY 美妆店

配饰

130　Eye Eye 眼镜店

134　Ace & Tate 慕尼黑店

138　CARIN 旗舰店

142　Kirk Originals 伦敦旗舰店

146　L'Aire Visuelle 眼镜店

152　Nova 眼镜店

156　Sole 眼镜店

160　Hunke 珠宝眼镜店

170　Amber & Art 商店

176　爱思德珠宝店

180　Penelope 精品店

184　黄金云下

188　流动气泡——珑玺珠宝艺术店

192　保利珠宝展厅

交通工具

196　环保车辆展示馆

202　Kumpan 电动摩托车店

206　VÉLO7 自行车店

花店

210　意大利米兰花店

214　孙小姐的花店

书店

218　BRAC 书店

224　言几又旗舰店

230　钟书阁

238　索引

前 言

在零售行业中，如今经验丰富的消费者对零售店的室内设计和视觉效果有着很高的要求。一家成功的零售商店应该与其品牌核心价值产生共鸣，而且更重要的是，店铺的室内设计能在一瞬间引起顾客的注意。因此，对于任何一位设计师来说，面对新的零售店项目，在设计方法中结合新的思维和艺术形态都是不小的挑战。设计师不仅要创造出具有吸引力且充满新鲜感的设计，更要激发顾客的感官享受，为顾客提供个性化的体验。

时尚界是一个瞬息万变的世界，而店铺要想持续经营，其购物环境不只是体现当季的时尚需求，还要维持可持续发展。为了吸引顾客的关注和兴趣，购物环境应该实现另一层次的品质。因此，成功的零售店设计不应依赖于一时的流行趋势，或者只专注于单一概念，而是应该品牌、产品、店铺空间和顾客多方兼顾。这样，零售店铺才能够经得起时间的考验，适应不同季度的流行趋势。

设计师面临的挑战在于如何让购物环境给顾客留下深刻印象。设计一家店铺，无论它是小型快闪店、单一品牌专卖店还是多品牌的大卖场，成功的关键是营造独一无二的购物体验，为顾客留下深刻的印象。在这样的店铺中，人们可以四处闲逛，并且每次都能有新的发现。店铺的室内设计最终应达到的效果是：顾客欣赏商店的购物环境，商店内部设计使顾客流连忘返。购物时，人们最看重的虽然是产品，而不是购物环境本身，但是店铺的购物环境可以在顾客购物时，引领顾客去探索发现，激发他们的感官享受，这对顾客的购物之旅是非常有益的。

目前，随着电子商务迅速发展，实体店正受到网上购物的冲击。为了吸引更多的顾客在实体店购物，需要有吸引力的和令人印象深刻的购物环境。良好的内部环境不仅仅是为了展示产品特质，更是带给顾客多重感受。如今店铺的室内设计重点已经从单一的产品销售转向创造整体的购物体验。现在的顾客除了看重良好的销售环境，还要求店铺的员工素质高，为顾客提供专门的包装服务。

商店不仅仅是购物的场所，也成了人们交流的地方。人们可以在商店谈些与产品有关的话题，商店也会定期举办产品发布会，以展示品牌相关商品来吸引顾客。媒体有时在商店内举办与产品及潜在客户相关的社交活动。有些商店内也加入餐厅、咖啡厅等非商品销售区，旨在带给顾客与众不同的全新体验。

零售业的未来充满挑战和变化，如何跟得上瞬息万变的时尚界和零售业是真正的挑战。事实上，人们总是对新兴的艺术场所感到好奇。一家商店可以作为一个创意平台，与观众交流不同的主题，如食物、时尚、美丽、艺术和设计。这意味着商店不再是只关于产品展示，更多的是展现一种生活方式，以及围绕它的所有相关活动。商店可以基于更多的经验和信息举办活动，而不是只专注于销售产品。

商店面临的终极挑战是将顾客吸引到实体店中来购物。在网上购物盛行的今天，让人们回归实体店需要为顾客提供优质的服务、令人愉悦的购物环境、或者有趣的平台，使顾客能够在商店中获得前所未有的感官享受。

贾斯帕·詹森与杰伦·戴伦森 (Jaspar Jansen and Jeroen Dellensen) 是 i29 室内建筑师事务所的创始人及合伙人。自成立以来，i29 的设计项目涵盖住宅、商业、零售、教育和展览场地等领域，并获得诸多奖项。他们努力寻求新奇的设计概念，满足客户需求，将设计理念与实践完美融合。

引言

第 1 章　零售商店的发展

零售店的室内设计在大众心目中的地位正在日益提升，人们越来越重视店铺的购物环境。目前，人们可以看到一系列丰富多样的设计方法，在这个空前复杂和快速发展的世界中，所有的设计方法都有其有效性和存在的意义。当然，有些设计方法会以怀旧的视角回顾过去，而这往往取决于商店本身以及他们的理念和顾客情况。有些则直接迎合当代的文化和要求，还有一些正在尽全力去探索未来。

总的来说，本书中所选取的一系列项目展现出一种打破将产品展示局限在室内的设计理念，就像是将与世隔绝的完美世界从日常的现实中分离出来。设计师不断探索如何将销售产品与更宽阔的领域联系起来。比如销售自然产品的店铺，设计师探索产品的销售与自然之间的关系，如何将二者有效结合起来，打破与世隔绝的销售空间，将销售的产品置于商店的中心，使其看起来更像是大自然本身的一部分 (图 01)。另一个打破隔离障碍的想法体现在设计师对于流行文化的研究，思考流行文化是如何影响商店设计的，使购物体验更贴近消费者。这种设计方向消除了产品标签和消费者之间的障碍。

01 / 环保车辆展示馆, 图片由 jump & fly 和 Xpacio 提供

网上购物已经成为当今流行的趋势。商店室内设计面临的挑战是如何将线上购物转向线下购物，将无形的线上购物转变成在实体商店内部进行消费。设计师不断探索线上购物向线下购物的转变方法，并影响了商店设计。在未来趋势方面，随着设计师进一步研究真实和虚拟世界之间的商店设计，将会涌现出越来越多时尚的新型商店。

另一方面，商店不再是只卖一种产品的场所。如今的商店销售空间，人们会在同一家店铺发现不同品牌产品的销售，顾客渴望在一家店中购买到不同的产品。商店空间的这种改变顺应了时代的发展，满足了顾客的需求。

电影、视频和虚拟现实对商店设计的影响在未来会越来越显著。商店室内设计有可能的发展趋势是梦幻内饰，在店铺之间加入梦幻般的装饰。商店之中梦幻般的室内设计和风格能够推动产品销售（图 02—03）。

数字技术作为一种美学生成器和制造技术同样影响着商店设计。未来的趋势是：商店在规模上可能会变得极端化，缩小规模为私密、袖珍的商店，或者发展成大型商场。商店就像是城市中人们的见面场所，在这一场所之中人们可以在线预约商店内的一切活动，无论是线上用户，还是线下顾客，都可以定制所需产品，并且在定制产品中感受到身临其境的全新体验。

02—03 / 钟书阁，图片由 Wutopia Lab 提供

02

04 / 明日世界西服订制店, 图片由 Amezcua 提供
05 / 雪花秀旗舰店, 图片由 Neri&Hu 提供
06 / HARMAY 美妆店, 图片由 AIM Architecture 提供
07 / Kirk Originals 伦敦旗舰店, 图片由 Campaign 提供

设计师着手于未来几年中店铺室内设计趋势的研究, 旨在设计有趣、时尚的室内销售空间, 使零售店铺成为令消费者难忘的成功零售场所。

第 2 章　店铺销售空间的利用

在零售店中, 色彩、灯光、材料等方面的选择对产品展示空间的设计起着至关重要的作用。对于大多数设计师来说, 在设计的最初阶段, 主要问题是商店展示空间和销售的产品。他们考虑如何将商店设计成产品的展示空间, 以及他们希望通过设计给客户传达信息。

服装

明日世界西服订制店的店主建议设计师表达服饰的内含, 而不是直接展示服装。店铺中一面墙上贴满了小像素砖块, 反映出独特的服装设计理念。时尚的店面设计提供了良好的灯光, 还使用了有趣的材料, 展示出了产品内含 (图 04)。

化妆品

雪花秀旗舰店的室内设计中隐含"灯笼"的概念。精致复杂的黄铜结构为店内销售的美容产品提供了一个时尚的空间背景。古老和现代的材料有助于销售产品和店铺设计之间的相互作用和促进。此外, 光线被嵌入到黄铜结构之中, 产生一种或多种颜色, 从而呈现出室内结构显著的复杂性。黄铜结构形成的"矩阵"概念象征着无尽的空间, 引领着消费者在店内享受丰富的购物体验 (图 05)。

HARMAY 美妆店的实体商店是线上商店的产物。该店反映出强大却很低调的设计, 商店的室内空间作为产品的背景, 强调的不仅是产品包装, 而且是对顾客的承诺。店铺设计满足简约主义的审美需求, 是网络空间的实体化 (图 06)。

配饰

Kirk Originals 伦敦旗舰店以简单但时尚感十足的设计方式展示一系列的眼镜产品。室内空间以黑色墙壁作为背景，这与手工制作的眼镜产品展示架形成强烈对比，画面突出，并引起顾客注意。整体效果宛如一群鸟，墙壁上的面罩只捕捉到了射来的灯光（图07）。

08 / 环保车辆展示馆, 图片由 jump & fly 和 Xpacio 提供
09 / VÉLO7 自行车店, 图片由 mode:lina™提供
10 / 孙小姐的花店, 图片由 D+space design Ltd. 提供
11—12 / 意大利米兰花店, 图片由 Storage Associati 提供

交通工具

环保车辆展示馆将自然的概念引入到商店设计中, 突出体现店内销售产品的环保性。自然景观融入到商店的氛围中, 在森林中创造一条蜿蜒的小路, 成为顾客的步行路线。在商店的黑色基调中, 定向照明很清楚地呈现出环保车辆产品。室内的生态丛林设计为产品的销售创造了适宜的环境, 为顾客购物带来了美妙的体验 (图 08)。

VÉLO7 自行车店通过产品传递出动态与自然元素。室内设计中充分体现出自行车的三角框架结构。天花板悬挂的照明灯由三个条形灯首尾相接组成, 构成三角形的结构。木料的选材来源于大自然, 体现了室内设计中的自然元素 (图 09)。

花店

孙小姐的花店的色彩设计简单而巧妙。空间设计简约，室内空间采用白色作为店铺背景，白色的背景与植物花卉协调统一，凸显出环境中的绿色植物（图10）。

意大利米兰花店有别于传统花店，店铺空间中除了鲜花销售区，还增添鸡尾酒吧和餐厅，为顾客带来更加丰富有趣的体验。顾客坐在店里，可以看到店内的鲜花，感受到色彩和材料的复杂设计（图11—12）。

书店

苏州钟书阁利用简单的技术创造出奇妙的空间，虚实结合，为顾客展现幻境与真实的融合。书店巧妙运用灯光设计，在透明与不透明的材料之间营造出多层次的效果。丰富多彩的室内空间呈现出独特的品味，为顾客带来不同的阅读体验 (图 13—14)。

第 3 章　零售商店设计

零售商店的室内设计可以为商店的管理和产品销售打下坚实的基础。室内空间设计是顾客在购买产品前进入商店的第一印象。展现在消费者面前的店铺设计是产品销售的关键因素。

一方面，为了成功设计一家零售商店，室内设计师应该仔细研究店内销售的产品。商店的气氛应该根据产品的不同进行改变，以便产品展示能够与店内设计完美融合，并使得产品在整体环境中得以凸显。另一方面，室内设计师应该考虑颜色、质地和其他材料。选择合适的材料可以增强客户的购物体验，使顾客更好地了解产品。因此，这些因素成为设计零售商店的关键。

以巴黎 Frédéric Malle 香水精品店为例。设计师同时从设计角度和产品销售角度出发，成功在巴黎创造出一家香水销售空间 (图 15)。

设计师仔细观察客户为他们提供的香水瓶，标准的香水瓶是商店的标志。设计师受到产品形象的启发，提出了新颖的设计理念。该设计理念是为每个香水瓶子创造单独的小空间，最终形成无数个产品展示空间，突出每个产品的特殊性和高品质。顾客和香水瓶之间的独特关系，导致独特的货架结构，新形式的货架不是将香水瓶摆放在整排货架之上展现在顾客面前，摆脱了传统单一的展示形式。新式货架宛如木质矩阵，营造出一种精致的商店氛围。

此外，天然材料和温暖的色彩为货架上的香水产品增添了许多自然元素。这就是设计师强化所呈现内容的一个根本原因。镜面墙

和抛光不锈钢天花板组成内部空间，内部整体空间由香水瓶和架子构成，给顾客带来无限的视觉体验。

另一个例子是熊车库，该项目展示一系列玩具熊。将车库作为广泛收集产品的空间，这一设计想法新颖有趣。车库中还有经典的

15

16
17

18

车库门和两辆真正的汽车。设计师以熊为灵感，深入研究了室内货架结构的发展及演变，探讨了台阶和坡度之间的奇妙联系。形状各异和大小不一的玩具熊在室内白色背景的映衬下展现出最好的效果（图16—18）。商店空间中的展示橱窗可以被看作是整体空间设计的延伸，精巧地表现出折叠面和倾斜面。该项目可同时作为私人观赏和集体活动的场地。

以日本京都 Musubi 店为例。这家店是一家包装布制造商的官方直营商店，成为当地人向游客介绍日本传统包装布的各种设计和用途的空间。丰富的产品通过一面调色板墙显得更加醒目，墙体一直延伸到狭长的商店后面。通过将不同方式包装起来的物体悬挂在更大的调色板上，使 Musubi 的产品以闪现的方式展示在顾客面前。调色板墙对面的墙体用来展示新产品，而桌子和柜台的摆放打破室内的流动线条（图19—21）。

16—18 / 熊车库，图片由 Onion Co., Ltd. 提供
（摄影：Wison Tungthunya）
19—21 / 日本京都 Musubi 店，图片由 TORAFU
ARCHITECTS 提供（摄影：Takumi Ota）

商店后面的空间有一面墙，挂着钩子和货架，该空间可以作为画廊。室内中心位置摆放产品展示柜，宛如一座小岛。展示岛除用来展示产品外，还可以举办研讨会等活动。简单的室内设计与喧器的都市环境形成鲜明的对比。此外，白色的内饰、抛光的地板、天花板上的水泥木丝板、白色卷家具等，衬托着五颜六色的包装布。该设计融合传统与现代之美，将传统艺术之美完美融于现代建筑室内设计之中。

案例赏析

迈阿密 In-sight 童装概念店

In-sight Concept Store in Miami

项目地点 / 美国, 佛罗里达州, 迈阿密
项目面积 / 170 平方米
完工时间 / 2017 年
设计公司 / OHLAB
摄影师 / Patricia Parinejad
委托方 / In-sight

店铺位于迈阿密市中心的购物商场中。童装店的正面是两个红色交错的圆圈, 仿佛是双筒望远镜, 这是品牌的标志。店铺设计的初衷就是采用这种形状。设计师通过对品牌标志的理解, 创造出一个使人充满想象的空间。进入店内, 24 块白色嵌板平行排列, 每块嵌板之间都留有间隔, 形成动态的几何空间, 宛如千变万化的隧道。空间的尽头是图形面板, 呈水风筒状, 使有限的室内空间形成延续的感觉。

店铺内的白色嵌板是在西班牙的一家仓库里生产的, 之后被运到美国进行组装。嵌板是由简易木制结构组成的, 木制结构的边缘是白色可丽耐材料。可丽耐材质易弯曲, 可制成任意的几何形状, 足以抵抗商店中的庞大客流量。

在零售店设计中, 灯光照明是一个关键因素。该店铺的照明系统简单, 充分利用了大型嵌板。大型嵌板的顶部直接采用带有旋转聚光灯的一系列平台, 为店铺提供基础照明。嵌板灵活易移动, 能够随着店铺中心产品展示区的变化而轻松调节。货架上悬挂着的 LED 灯带互相协调, 突出了店内产品的展示。

01 / 展示窗的外视图
02 / 入口

01

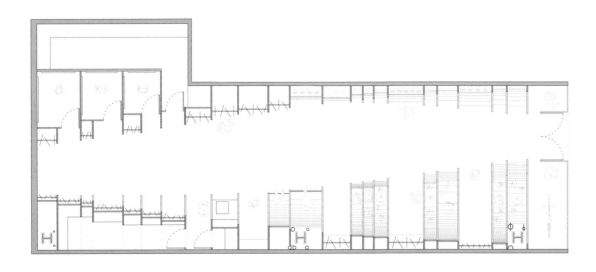

平面图

03 / 正视图
04 / 后视图

04

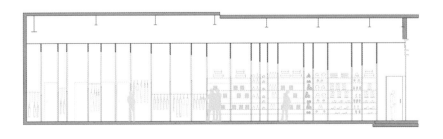

横剖面图

纵剖面图

05

概念图

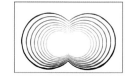

标志　　　　　　　　　　环绕

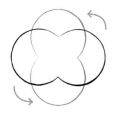

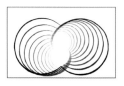

标志旋转　　　　　　　　环绕

05 / 座位细节图
06 / 正视图
07 / 货架细节图
08 / 后视图
09 / 嵌板间的产品展示区

06

07

08

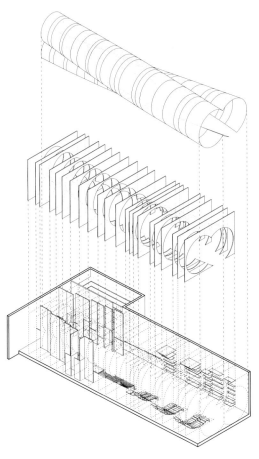

概念轴测图

09

棉花共和国旗舰店

Cotton Republic Flagship Store

项目地点 / 中国, 北京
项目面积 / 60 平方米
完工时间 / 2017 年
设计公司 / Studio Ramoprimo
摄影师 / Studio Ramoprimo

设计师为中英内衣品牌设计了一个线下销售旗舰店。店铺如同一个巨大的篮子, 由色彩鲜艳的铁棒不断叠加编织而成。设计师采用这种结构的灵感来自于中国传统建筑中的交错式木制屏风隔断。店铺融合了如黄色、红色、橘色和粉色这些亮色。整体结构像是超大号的女式紧身裤袜, 又像缠绕的过山车轨道, 也像埃菲尔铁塔的弯曲部分, 悬浮于空间之中, 带给顾客惊喜, 出乎顾客意料。

这间小小的店铺两侧完全开放, 与购物中心的公共走廊相连。但设计师面临的挑战是到底选择从外向内使展示橱窗上的展品清晰可见, 还是选择店内产品展示的传统货架, 这样不用浪费两侧的空间优势。五颜六色的包装盒分门别类且整齐地摆放在长长的货架上。这个巨大的装置引人注目, 能够与展示的商品相融合, 还能丰富顾客的购物体验。

地面的设计概念是利用白、灰、黑三色树脂创作的巨幅行为画派的绘画。起初颜料滴在画布上, 设计师突然发现颜料在画布上缓慢流动, 且仍然保持着液态, 十分有趣, 随机形成意想不到的颜色淡化和融合效果。一旦颜料干燥, 浮现的黑与灰的斑点让人联想到中国传统的水墨画。天花板的照明投射出柔和的灯光, 而且较少地使用可见的聚光灯, 使之与以往商场中店铺天花板的设计截然不同。设计师将收银台和袜子垂直展示架等功能区设计成简洁的白色盒子, 摆放位置灵活。木制的白色涂漆圆盘用于内衣展示, 圆盘一侧有磁铁, 可以自由地吸附在多彩的铁架上, 根据不同需要进行灵活变换, 形成多变的展示空间。

01 / 朝向公共走廊的店面

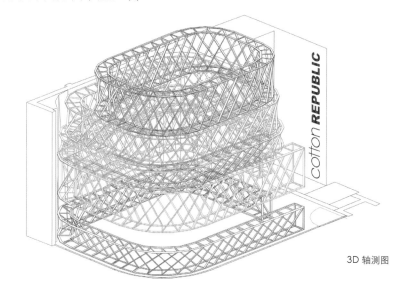

3D 轴测图

cotton REPUBLIC

01

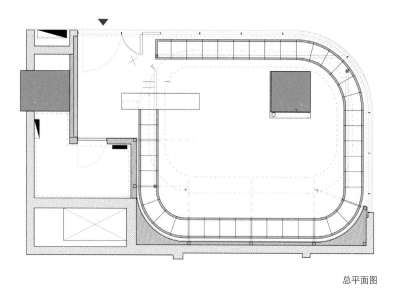

总平面图

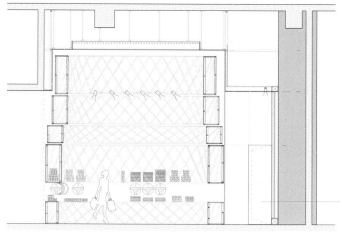

主剖面图

02 / 主入口外视图
03 / 施工前空间效果图

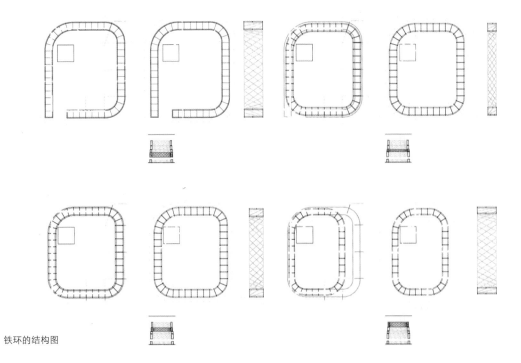

铁环的结构图

SND 时装店

SND Fashion Store

项目地点 / 中国, 重庆
项目面积 / 180 平方米
完工时间 / 2014 年
设计公司 / 3GATTI
摄影师 / Shen Qiang
委托方 / Chongqing Xingjun Trade Pty Ltd

当开始设计这家零售店铺时, 设计师将所有元素悬挂于天花板上, 店铺内的地面不设货品展示架与家具, 这样顾客在店内挑选商品时可随意走动, 整个设计理念简洁而极富吸引力。设计师先用一款软件模拟真实材料的物理属性, 设计出的天花板灵活且富有弹性。接下来就是考虑店铺所需的技术设备, 如照明、扬声器、喷洒装置、摄像头、空调和通风设备, 这样一来, 天花板很自然地就被设计成渗透型表面。

天花板上悬挂的条状物多达 1 万多件, 形状各异, 是由机器在短时间内精密切割完成的。设计师选用纤薄的白色半透明玻璃纤维, 耐火性能优良, 营造的光反射效果非常好。天花板光源独特, 美丽而又空灵, 是一处独特的风景。

店铺面积不大, 但是镜面墙将室内空间显得宽敞明亮, 天花板的景观被无限拓展。美丽的天花板无疑是店铺空间的主角。地面和墙壁选用可回收利用的木材, 构成深色的背景, 衬托出天花板的独特设计, 使天花板在整个空间中显得十分醒目。店内还有一些覆盖柔软灰色毛毡的立方体, 这些简单的体量是商店中仅有的家具, 被用作沙发、收银台和产品展示柜等。店铺的立面是透明的, 这样一来, 天花板带条纹的剖面就使人一目了然, 成为顾客眼中雕塑般的风景。

01 / 商店内部空间

总平面图

① 衣架
② 外壳管
③ 收银台和操作台
④ 沙发和展示台
⑤ 展示台
⑥ 试衣间
⑦ 鞋子展示区
⑧ 储藏室

02—03 / 天花板上挂着的条纹形状各异
04 / 镜墙
05 / 天花板上的条纹如雕塑，用以吸引顾客进店

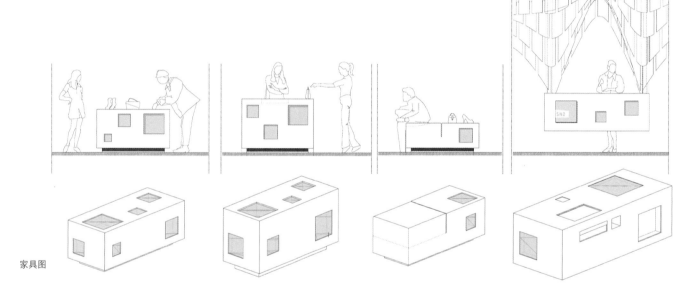

家具图

06 / 镜面墙拓展室内空间
07 / 灰色家具
08 / 镜面墙细节

细节图

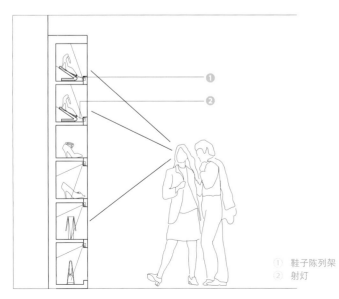

① 鞋子陈列架
② 射灯

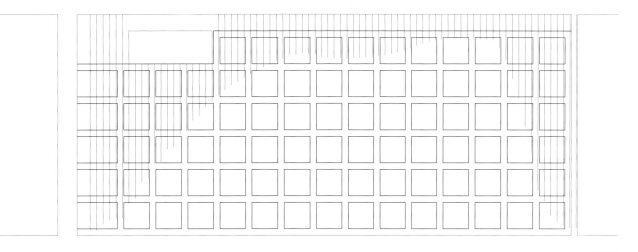

细节图

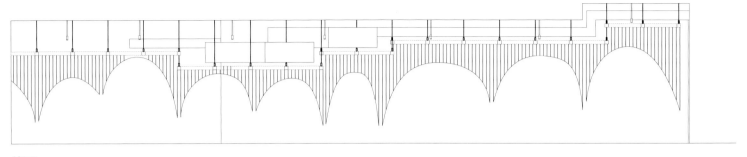

剖面图

09—10 / 天花板上的细条纹

细节图

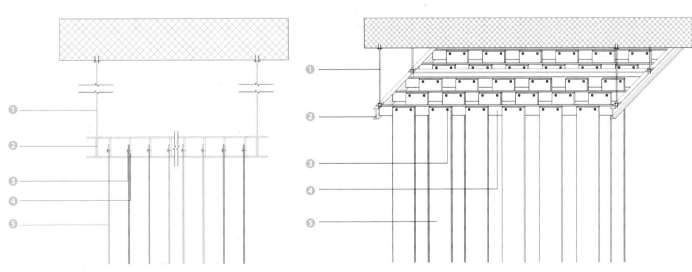

1　电缆
2　钢结构
3　螺丝
4　木制板条
5　条纹

Runway 精品店
Boutique Runway

项目地点 / 越南, 胡志明市
项目面积 / 1000 平方米
完工时间 / 2010 年
设计公司 / CLS architetti
摄影师 / Ehrin Macksey
委托方 / Runway Vincom
预算 / 1,100,000 美元

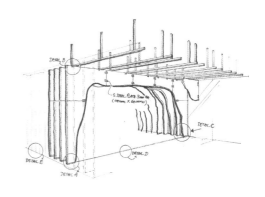

01 / 店内走廊

Runway 精品店是一家致力于奢侈品销售的现代商店。这家店的室内设计以"对比与反差"为核心概念。在设计初期,设计师确定了"对比与反差"的概念,并在店铺整体氛围、空间划分和材料选取上,最大限度地凸显这一独特的概念。对于亚热带地区的人们来说,在炎热的气温下,寒冷就像是奢侈品。基于这一现实情况,空间设计概念由此产生。设计师决定将店铺的室内空间设计成冰窟的样子,使得进店的顾客感受到另外一个完全不同的世界。

冰窟通过 3D 数码技术建模而成,空间层次逐层递减,仿佛冰窟中处处成冰。墙体由 298 个形态各异的剖面组成,宛如波浪一般,形态各异的波浪刺激顾客的视觉神经,使顾客仿佛置身于真实的冰雪世界中。在这犹如冰窟的空间中,人们仿佛经历生命和重生之路。除了数字技术,店铺设计融合了越南当地精巧的手工艺。每一片薄片都经过手工切割后再进行黏合,每一片薄片都紧密联系在一起,形成封闭的空间。这一宛如蚕茧的空间是 VIP 室,由 12,899 片不锈钢镜面包裹而成,醒目而耀眼,就像是美人鱼的鳞片,代表着性感和女性化。它的顶部由 8948 朵塑料制成的玫瑰覆盖,是间奢华、独一无二的房间,是冰雪皇后的家。VIP 室设计成一个巨大的蚕茧是因为设计师想通过这个概念暗喻生命的轮回,通过行走于巷道般的店铺,体验生物圈的演化和自我循环。

室内的灯光设计体现了反差的概念,增强了"蚕茧"外部冰冷的光线与"蚕茧"内部的暖色调灯光的对比。越南的古代和现代都在该店铺中得到不同层次的体现——冰窟中的家具有传统的石桌和石凳,也有现代的大水晶和不锈钢钻石。所有的家具都体现出传统与现代的反差。室内空间中悬浮着货架与挂杆,不锈钢展示台与浅色漆、白色漆的展示台相互融合,体现了店铺独特的设计感。

① 入口
② 贵宾区
③ 女士区
④ 鞋包区
⑤ 儿童区
⑥ 设计画廊区
⑦ 男士区
⑧ 吧台
⑨ 办公室和仓库

总平面图

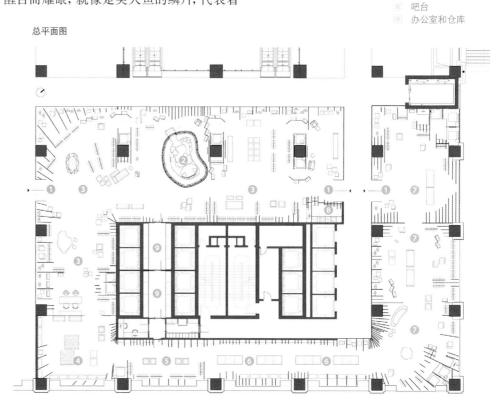

02 / 店铺内部空间
03 / 不同形态的墙体结构
04 / 休息区

剖面图 A

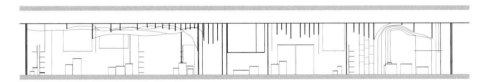

平面图

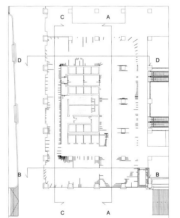

剖面图 B

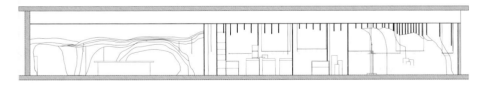

剖面图 C

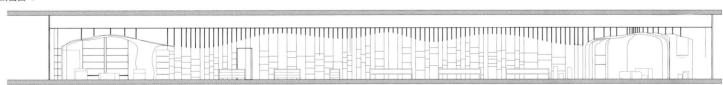

剖面图 D

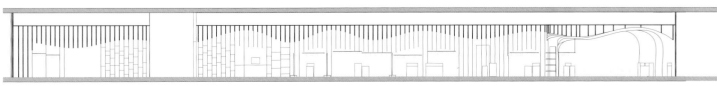

05—06 / 展示台
07 / VIP 室
08 / 休息区

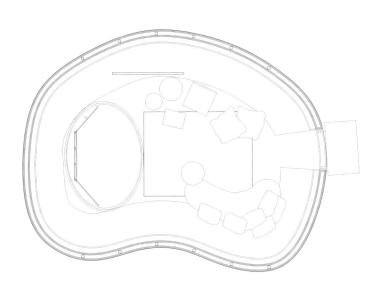

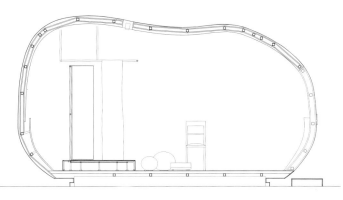

镜面抛光模型

第五大道鞋店

V Ave Shoe Repair

项目地点 / 瑞典, 斯德哥尔摩
项目面积 / 180 平方米
完工时间 / 2009 年
设计公司 / Guise
摄影师 / Jesper Lindström
委托方 / V Ave Shoe Repair
预算 / 360,000 欧元

该零售店的空间设计概念将品牌惯用的设计手法通过建筑语言表达出来。现有的空间结构经过调整以满足零售店在功能和商业上的需求,而且店铺的空间氛围也与品牌形象相契合。定制的家具充满了矛盾性,外形看似楼梯,但显然有其他的用处。

这些楼梯成为第五大道鞋店零售空间概念的主要载体。设计师为顾客塑造出令人难忘的空间,双重楼梯呈螺旋状盘旋上升,设计师在基础形式上将楼梯做了扭曲变形。基础形式经过折叠与旋转后,随着角度的改变,穿行于店中的顾客将会在同一展示台上看到产品的不同面。此外,设计师还设计了货架以满足商店的其他需求。每一个产品展示架都是依据其在商店中的位置量身定做的。产品展示架由网格组成,立方体的网格是由钢条搭建的。展示架的网格底端可以悬挂展示的服装,悬挂方向可以与旁边墙壁平行,也可以与墙壁呈 90 度垂直,使用起来灵活多变。

设计师为立体货架设计了数以百计的黑色薄钢板。钢板配合不同的放置方法,使得产品展示货架千变万化,既实用又美观。为了让顾客有一个完整而流畅的购物体验,除了家具以外,店内的一切,包括收银台、展示模特、更衣室,甚至门和镜子,都是配合整体风格定制的。

01 / 钢拉杆框架

平面图

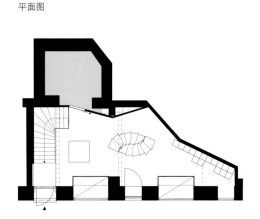

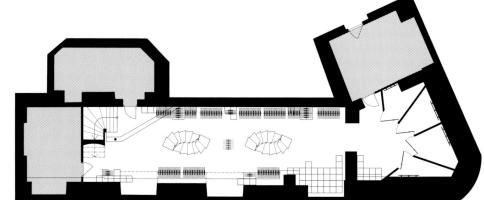

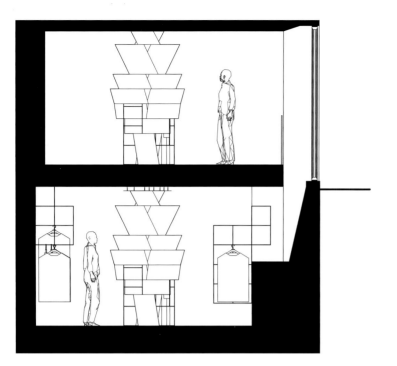
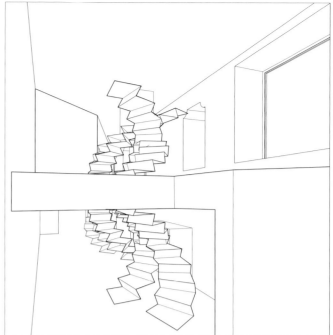

剖面图

02 / 钢拉杆组成的衣架
03 / 楼梯状货架

02

04 / 黑薄钢板组成的货架
05 / 钢拉杆组成立体矩阵空间

04

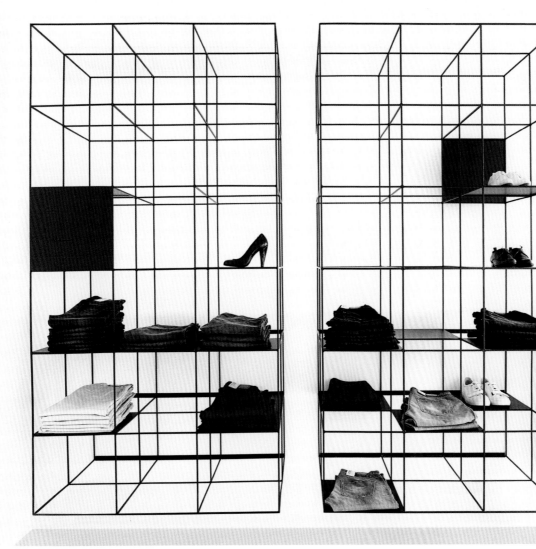

楼梯状货架细节

06

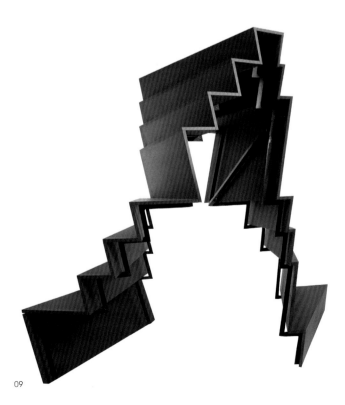

07

09

10

货架草图

06 / 店内楼梯
07 / 试衣间
08 / 梳妆镜前形状独特的椅子
09—12 / 钢板货架细节

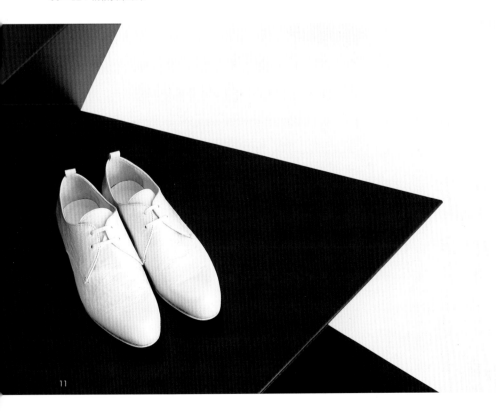

11

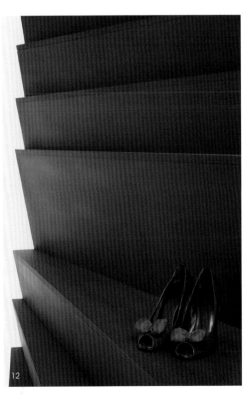

12

明日世界西服订制店

Tomorrowland Tailors

项目地点 / 墨西哥, 墨西哥城
项目面积 / 100 平方米
完工时间 / 2016 年
设计公司 / Amezcua
摄影师 / Paul Rivera

这家西服订制店为客户提供高档的私人订制西服, 手工编织的面料选自在全球范围内享有盛名的纺织品牌店。店铺的前端是一面 9 米宽的透明玻璃作为其橱窗展示区。水平层面上由 2050 块木块组成的地板和天花板反射并打亮店铺中央位置。壁龛将每一位顾客环绕在内, 这是前所未有的独特奢华的体验, 这里展示的是近几十年来最为卓越精致的商品。这是一个展望未来又将传统与创新完美融合的设计, 象征着现代男士特有的意识形态。

这个设计也是由同一意识形态所裁定, 即专注在将数字技术与墨西哥人力相交融。最困难的木工活不仅仅是将每一块木块都妥当地摆放在正确位置, 还包括要在短短 6 周的时间内收集到足量的加勒比胡桃木, 并将其加工成 2050 块实心木块再装配完毕。

应客户与时尚界与纺织界的专家需求, 设计师们展示的这个空间, 反映出西服的手工制造是如何提供每一处细节的私人订制、追求创新以及前沿设计的全过程。

01 / 数字技术与墨西哥手工融合

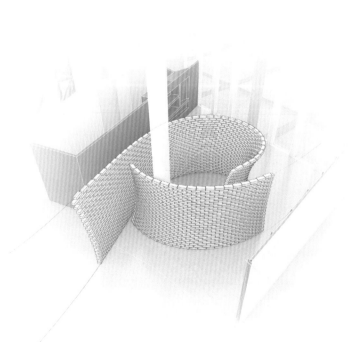

展示西装的手工制作过程空间

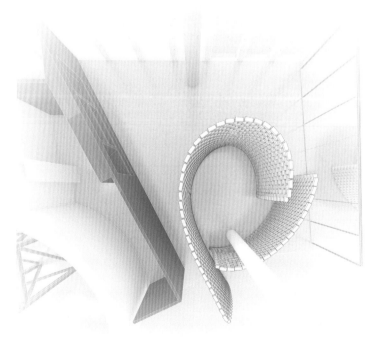

裁缝店、画廊和活动场地

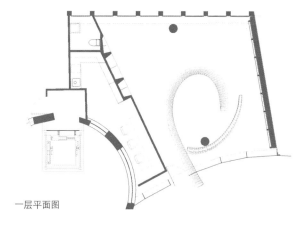

一层平面图

02 / 店铺室内空间
03 / 展示窗
04 / 外视图
05 / 反光表面的地板和天花板
06 / 店铺中心的木砖块

02

03

04

05

06

"就试" 试衣间
JOOS Fitting Room

项目地点 / 中国, 杭州
项目面积 / 1850 平方米
设计公司 / X+Living
设计总监 / Li Xiang
摄影师 / Shao Feng

01 / 白领女性区
02 / 名媛区

店铺主入口有一块醒目的大屏, 每一位顾客都可以在网上与之互动, 这是店铺最具特色的地方, 通过无处不在的屏幕, 打造互联网时代的线下试衣体验。店铺通过买手挑选最有代表性的四个系列, 通过线下的体验弥补网络购物无法试装的缺憾。

通过主入口区的门拱, 进入到森女区。乳白色墙面和白色地面营造出洁白干净的空间。衣架是由麻绳将竹竿连接在一起的, 两根竹竿的夹角立面上隐藏着穿衣镜。空间明亮简洁, 设计师用古朴的材料来呼应该空间商品类型的气质。名媛区里精致的金丝笼远看仿佛公主的蓬蓬裙, 金丝笼内外放置着衣架。试衣间被巧妙地隐藏在弧形镜面的 "蓬蓬裙" 内侧, 同时每个试衣间都提供梳妆、休憩、自拍区, 等待着每一位公主的到来。白领女性区的深灰色地板、混凝土艺术漆墙面和框架轨道灯使整个空间显得简练与稳重。点缀的壁炉和木饰面增强了空间柔和的质感。在潮女区, 由铁条折叠而成的货架色彩丰富。多彩的空间充分展现了服装的个性。

设计师整合了女装品牌四大类型服装背后的社会与文化含义。通过四个空间的不同设计手法来演绎了女装背后的穿衣哲学, 并通过多种陈列的可能性为顾客创造了全新的购物体验。

01

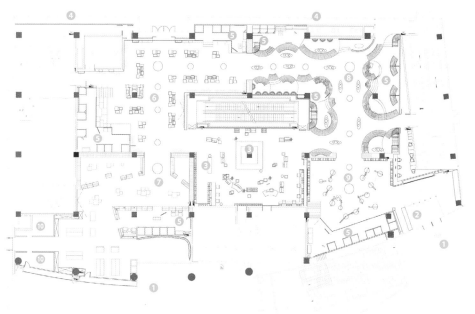

平面图

03—04 / 潮女区

① 入口
② 服务台
③ 收银台
④ 展示窗
⑤ 试衣间
⑥ 白领女性区
⑦ 潮女区
⑧ 名媛区
⑨ 森女区
⑩ 储藏室

05—06 / 名媛区
07 / 森女区

08—10 / 白领女性区

Frame Magazine 零售店

Frame Magazine Shop

项目地点 / 荷兰, 阿姆斯特丹
项目面积 / 120 平方米
完工时间 / 2014 年
设计公司 / i29 interior architects
摄影师 / Ewout Huibers
委托方 / Frame Magazine

为了给顾客提供三维的购物体验, 设计师提出了一个概念: 将两个商店融合为一体, 即在一个空间里设计两家店铺, 在同一个空间内提供两种相反的体验。

01 / 店铺室内空间

两个空间, 一个设计成白色矩形, 另一个打造成黑色三角样式, 这样的室内设计适合这家多元化的商店。店面形象的灵活性和可变性是设计师的宗旨。从前面看, 白色面板和黑色框架的装置悬浮在整个主色调为白色的空间里。挂在墙壁、地板和天花板上的这些面板可用作白色画布, 上面的内容可以随意改变, 成为整个空间的点缀, 并且所有的面板都很容易更换。这样关于特定主题的个性化陈列可以被展现出来。文本和图形艺术的使用与该杂志的起源有关, 同时 Frame 杂志邀请艺术家对环境做出改变, 在面板上留下艺术作品。从后往前看, 店铺的室内空间给人带来截然不同的感官体验。三角形的黑色木质展板的后面就是实际的产品。同一空间内, 黑白两个世界形成对比与反差。为了增强这种对比效果, 所有设计元素的选择都是相对立的——黑与白、方形与三角形、空与满。在开幕酒会中, 一组名为"未来部落"的系列面具被展示在面板上。新的露天装置也通过多维的方式被显示在几块面板上。

剖面图

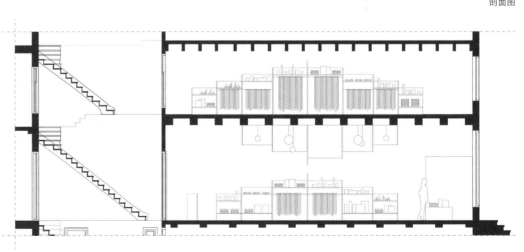

一层平面图

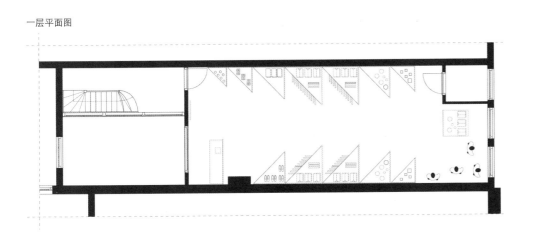

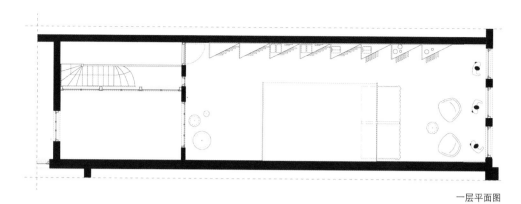

一层平面图

04 / 室内空间的黑白对比
05 / 产品展示台
06 / 店内艺术、设计、建筑与时尚融合
07 / 白色空间中的黑白框架装置

04

05

06

07

马斯特里赫特鞋店

Shoebaloo Store Maastricht

项目地点 / 荷兰, 马斯特里赫特
项目面积 / 46 平方米
完工时间 / 2012 年
设计公司 / MVSA Architects
摄影师 / Jeroen Musch
委托方 / Shoebaloo B.V.

设计师为鞋类奢侈品牌打造了一间阿拉丁藏宝洞般的店铺。商店位于马斯特里赫特老城的一处历史建筑中。设计师面临的挑战是如何在保护中世纪街道的同时创造出一种体现品牌的高品质环境。为解决这一问题,设计师刻画了一个壮观的内部景观,尽最大可能将其隐藏在街道中。

虽然历史建筑的外观保持不变,但进入室内空间就像是进入了一个隐藏的世界。设计灵感来源于自然,尤其是崎岖不平的峡谷。店铺的墙壁起起伏伏为顾客带来阿拉丁藏宝洞般的体验。室内空间基于蜿蜒的水平线,通过水平线的不同层次,形成三维效果。低照明营造神秘的气氛,而铝制抛光涂层则增加了反光和发光度,扩大了室内空间感。墙壁闪闪发亮,而展台是无光泽的。深蓝色的鞋子展示台上面覆盖着人造绒,与闪亮弯曲的室内元素形成鲜明对比。室内空间分为前后两个相连的椭圆形区域,中间放置收银台。

由于线性设计深度的变化,设计师能够轻松地将销售柜台、箱包和配件展示箱及座椅结合起来。窗户有两个椭圆形开口,为顾客展示前沿商品。室内空间展示高端产品,为客户创造新颖有趣的购物体验。

01 / 商店内视图

平面图

02 / 椭圆形橱窗
03 / 店铺室内空间

外立面图

03

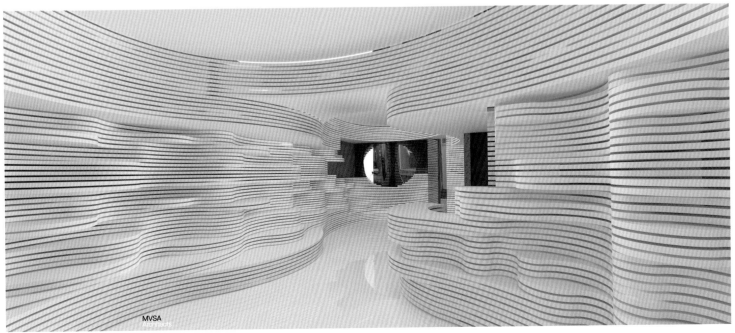

分层概念图

04 / 椭圆形玻璃橱窗
05 / 鞋子展示区

剖面图

"体积与空白" 鞋店

Volume and Void

项目地点 / 美国, 纽约
项目面积 / 39 平方米
完工时间 / 2015 年
设计公司 / Jordana Maisie Design Studio
摄影师 / Naho Kubota, Nicholas Calcott
委托方 / FEIT International LLC

店铺空间体现简约的美学设计, 店铺设计由体积和空间创造的几何形状组成, 设计师还设计了木雕板, 在商店和街道吸引顾客的视线。

设计师在三维建模时, 用体积模具在木板条间形成展示空间, 这一过程类似于将皮革制成做鞋用的模型。设计师有意将店铺设计得只使用计算机数控技术, 并且其对探索手工制作和机器制造之间如何相互配合又相互冲突还很感兴趣。每一个独特的形状都是经由数控切割、手工打磨, 并由制造团队异地组装成模块的。

店铺内的镜子能够扩大室内空间, 增加桦木层的透明度。在区分室内各空间边界上, 室内设计和照明反映着空间的深度。从照明角度来看, 顾客在店铺内的体验随着季节的变化而有所不同。白色 LED 灯会根据春夏秋冬四季的温度来变换颜色, 这一细节的设计缩小了室内外环境的反差, 增强了顾客的舒适度。

01 / 店面
02 / 入口处视图

01

轴侧图

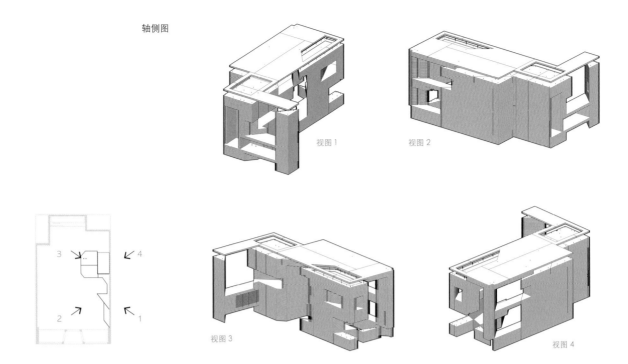

视图 1   视图 2

视图 3   视图 4

轴侧图

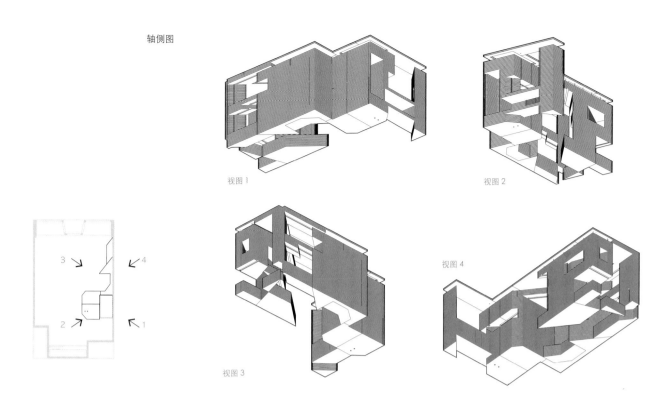

视图 1

视图 2

视图 3

视图 4

03 / 鞋子展示区
04 / 设计独特的展示台

04

細节图

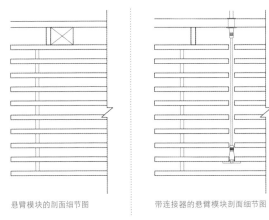

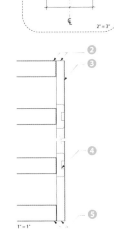

悬臂模块的剖面细节图   带连接器的悬臂模块剖面细节图

① 模块中垂直照明设备对应的中心
② 照明设备与模块顶部面板对齐
③ 连接器装在照明槽顶部面板下方的胶合板上
④ 连接器装在照明槽底部面板上方的胶合板上
⑤ 照明设备与模块最底部面板对齐

垂直照明连接的剖面图

05 / 展示台之间留有空间，方便顾客穿行
06 / 玻璃橱窗
07 / 展台细节

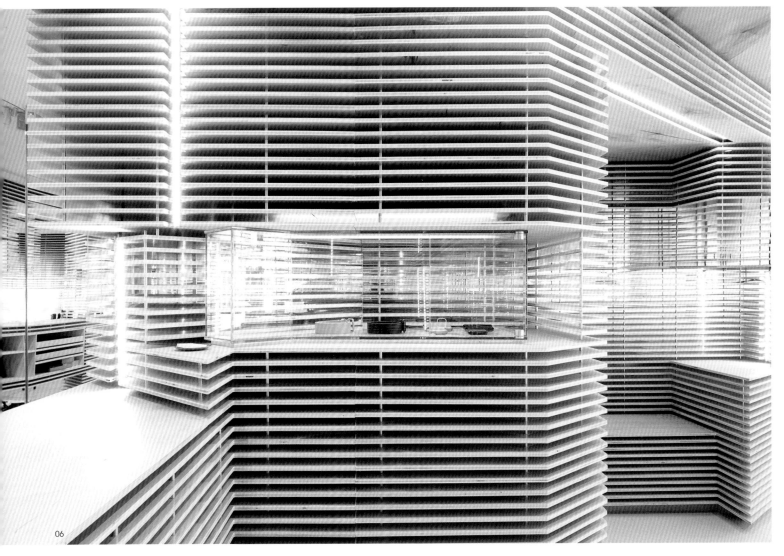

迷失的花园旗舰店
Lost Garden Flagship Store

项目地点 / 韩国，首尔
项目面积 / 68平方米
完工时间 / 2017年
设计公司 / NiiiZ Design LAB
摄影师 / SNAP By TAQ. C

店铺空间灵活多变，体现了手工鞋品牌对目前流行趋势的敏锐反应，如隐藏的宝藏。展现男性魅力的黑色和粗狂的线条共同构成了商店的总体背景，中间有一个很酷的圆形结构，表现出迷失的花园渴望的无限变化。这种圆形结构引人注目，传递着品牌信息，围绕中心旋转360度，体现产品形象。

这一空间的特点在于用纹理划分空间的方式，以避免单调。墙壁按对角线分割以强化动态，而不规则的展示增强了视觉节奏感。人字形地面不仅为对角墙增添了活力，还增添了一丝奢华感。另一特点是，隐藏在对角墙墙后的室内空间呈现出反差。下半部分墙面由粗糙的混凝土块堆砌而成，材料形成反差，出人意料，产品脱颖而出，有助于商店树立品牌形象。

为了配合较低的天花板和投射品牌标志，整个天花板都装满镜子，使空间更加开阔，同时也反射出空间中的全部景象。沿着对角墙的主要开放区域移动，顾客会进入办公室和私人定制的服务空间。店内气氛由坚固阳刚变为平静明亮，迎接着顾客的到来。金色焦点墙呈现一种变化，给予进入店内的顾客更特别的体验。

01 / 店面
02 / 形状奇特的展示台

01

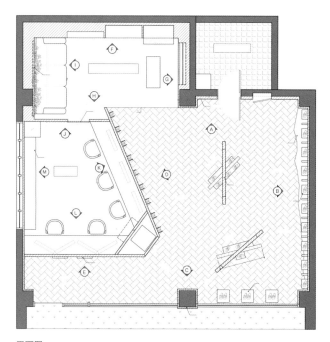

平面图

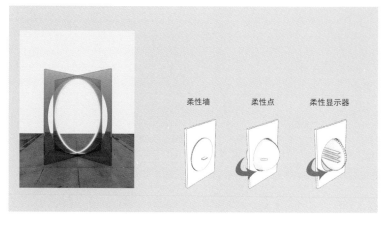

展示台细节图

柔性墙　　　柔性点　　　柔性显示器

03 / 店内空间
04 / 镜面天花板
05 / 展示台细节

04

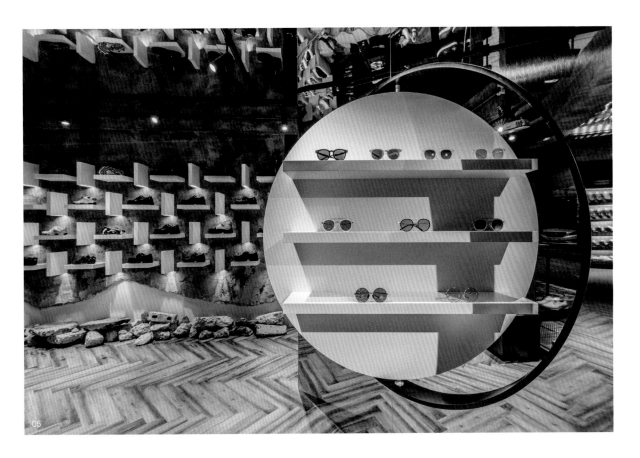

05

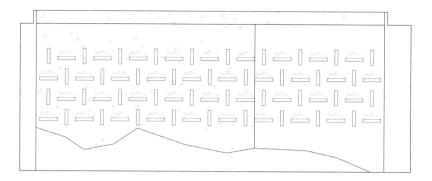

立面图

06—07 / 展示墙
08 / 外视图
09 / 店内展示品
10 / 试穿区

08

09

10

耐克 Tech Pack

Nike Tech Pack

项目地点 / 美国, 纽约
项目面积 / 583 平方米 (莫伊尼汉车站店);
74 平方米 (21 Mercer 旗舰店)
完工时间 / 2013 年
设计公司 / WSDIA | WeShouldDoItAll
摄影师 / Floto+Warner
委托方 / Nike

01 / 店面的 Tech Pack 装置
02 / Tech Pack 箱

耐克发布了 Tech Pack 系列产品, 店铺以耐克特有的"无重量保暖"的产品定位为主题, 让消费者沉浸在红色空间里, 给予温暖的视觉感受。与此同时, 红色象征着热情, 与体育品牌的精神一致。

室内空间较大, 店铺设计将店内主打产品分开展示, 产品被放置在展示箱中。箱子为双面, 用于展示特定的服装类型。箱子由结构环组成, 内部带有珠宝箱, 提升了产品展示水平。店内一块较大区域被保留了下来, 成为 VIP 区、休息室和产品研发区。

箱子设计上使用与产品本身相同的多层概念, 将服装夹在一系列红色透明树脂玻璃之间, 放置于珠宝箱之中。红色珠宝箱与黑色墙壁形成强烈的对比, 红黑组合形成了华丽的色彩效果。产品一如既往地采用无重量面料, 展示箱的设计很好地呼应了产品的这一主题, 产品看起来像是漂浮在箱子之中。

01

NIKE
TECH
PACK
ENGINEERED TO THE
EXACT SPECIFICATIONS OF
CHAMPIONSHIP ATHLETES

耐克莫伊尼汉车站店平面图

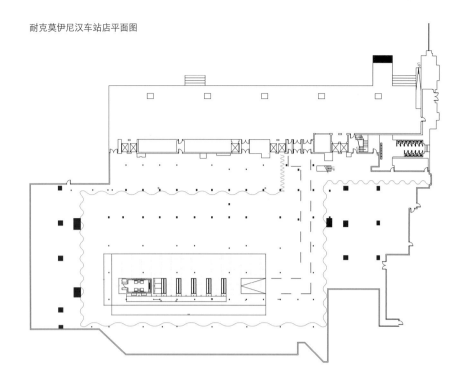

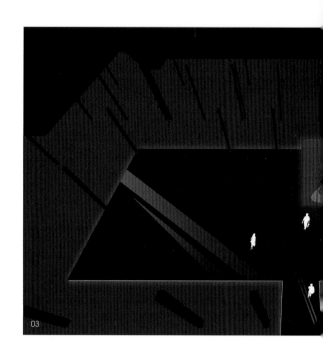

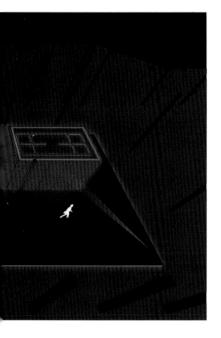
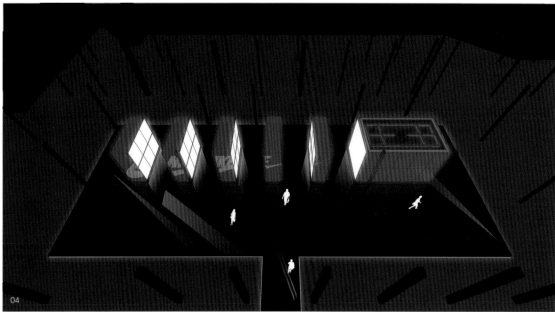

03—04 / 滑道上箱子透视图
05 / 黑色光泽板提亮展示箱
06 / 产品悬挂在多层红色透明有机玻璃之间

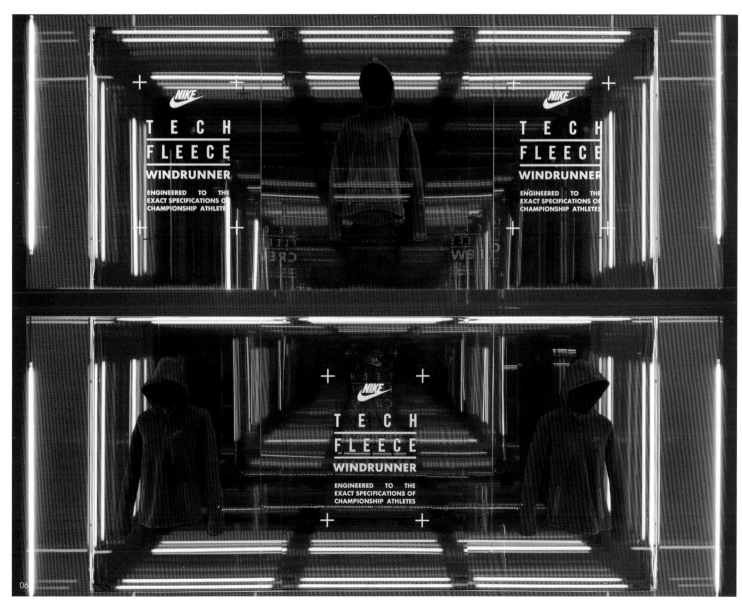

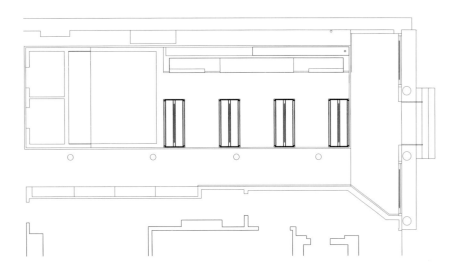

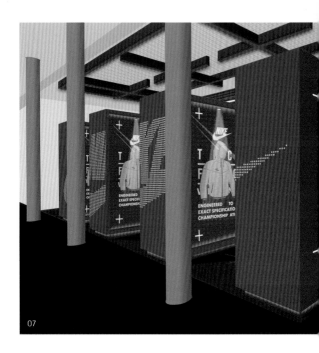

耐克 21 Mercer 旗舰店平面图

07—08 / 耐克 21 Mercer 旗舰店透视图
09 / 装置与产品展示
10 / 红色双面玻璃箱
11 / 泡沫墙

阿迪达斯 DAS 107 店

Adidas Korea DAS 107

项目地点 / 韩国, 首尔
项目面积 / 114 平方米
完工时间 / 2016 年
设计公司 / URBANTAINER Co. LTD
摄影师 / Young Kim_Indiphos
委托方 / Adidas Korea

阿迪达斯 DAS 107 店坐落在首尔的弘大, 是一家标志性商店。该店是由设计师和街头文化专家一起合作完成的, 为运动鞋爱好者提供体验历史和设计内涵的空间。店铺空间是阿迪达斯高品质产品的一个聚集地, 也为真正的运动鞋爱好者提供了小型聚会空间。店铺设计目标是为街头文化爱好者提供舒适氛围, 同时为追寻潮流的顾客提供新灵感。

室内中间区域为鞋子展示区, 鞋子放于透明玻璃展示箱中, 蓝色光感营造出具有科技感的氛围。店铺两侧排列着整齐的产品陈列架, 摆放球鞋、衣服等, 向顾客展示品牌产品。室内设计采用混凝土和钢制框架, 形成宽敞的店铺空间。

与普通零售店不同, 店铺空间被概念化为一种象征性的体验空间, 以展示品牌理念, 并为顾客提供不同的体验, 并传递运动鞋的文化。店内地面采用单沟型材料的地板和定制的镀锌家具, 给人一种与众不同的感觉, 使顾客即使在室内也能体验到街头的感觉。

01 / 店内空间

一层平面图

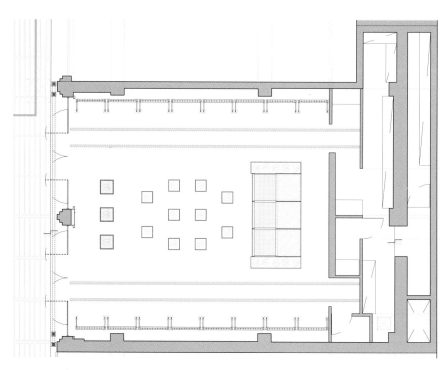

RELEASE 12.03.2016

01

02 / 店面
03 / 入口处视图
04 / 鞋子展示箱

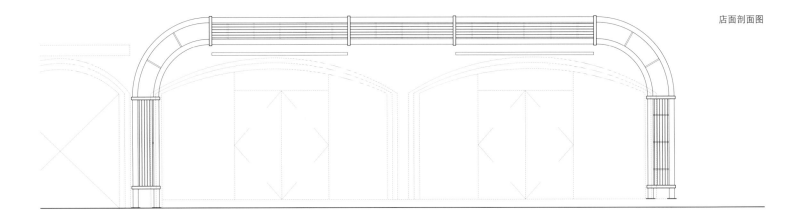

店面剖面图

03

04

05 / 鞋子和衣服展示货架
06 / 顾客行走通道
07 / 展示箱细节

货架细节图

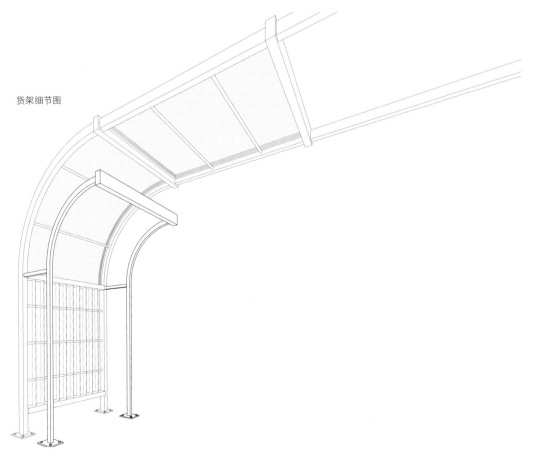

莫罗·伯拉尼克鞋子天堂

Manolo Blahnik
Shoe Heaven

项目地点 / 英国, 伦敦
完工时间 / 2014 年
设计公司 / Nick Leith-Smith
摄影师 / Quintin Lake
委托方 / Manolo Blahnik

鞋店位于商场西侧的一个专属区域,与该楼层的其他区域分开,有专用的楼梯和入口。鞋店的布局和整体氛围都是仿照豪华沙龙而设计的。

鞋店的设计虽然是明显的本土风格,却唤起了人们对于宏伟的芬兰建筑的内部空间的记忆,尤其是受到奥地利建筑师约瑟夫·霍夫曼建筑作品的启发。霍夫曼是欧洲新艺术派的主要领袖之一,也是维也纳分离派的创始人之一。天花板、家具、木材屏幕和显示区域的强大的几何形状,形成了一种精确的垂直线条和对角线形式。鞋子沿着墙面摆放在滑动的图书馆梯子上进行展示,而定制的家具则与古董家具相得益彰。

室内空间由精致的几何图案和丰富的色彩构成,墙壁周围摆放陈列架,用以展示鞋子并吸引着顾客的目光。色彩鲜艳的椅子和沙发与大胆的装饰相呼应。古董家具被重新涂上明亮的颜色,丝绸灯罩和枝形吊灯也同样使用多彩的颜色。设计师为顾客呈现一个引人注目的购物空间。

01 / 窗边室内空间

平面图

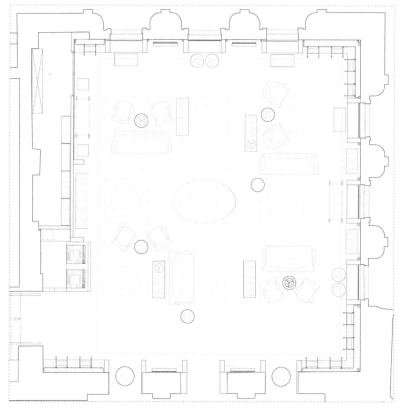

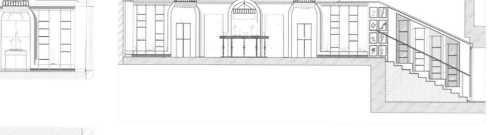
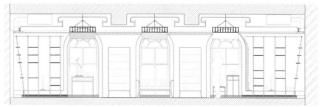

剖面图

02 / 店内家具色彩鲜艳
03 / 鞋子展示架
04 / 鞋子展示台细节

巴黎 Frédéric Malle 香水精品店

Parisian Boutique for Frédéric Malle

项目地点 / 法国, 巴黎
项目面积 / 34 平方米
完工时间 / 2016 年
设计公司 / Jakob+MacFarlane: Dominique Jakob & Brendan MacFarlane
摄影师 / Roland Halbe
委托方 / Editions de Parfums Frédéric Malle

店铺位于巴黎一座古老建筑的底层, 面向繁忙购物街的一面被设计为玻璃立面。室内空间里, 精心雕刻的三维木制网格中放置着香水, 仿佛一座座漂浮的神秘岛屿, 又似钟乳石。墙壁和天花板的表面是不锈钢镜面。

照明是室内设计的重要组成部分。光线在架子后面的墙壁和天花板上产生了一系列的切割效果。照明通过背光的半透明嵌板隐藏在架子后面。天花板上的聚光灯作为直接照明设备嵌在搁板中, 照亮每个展示的香水瓶。

三维木制网格构成了岛屿形状的展示台, 地板、墙壁和天花板上都装有镜子, 体现出室内结构的复杂, 形成反射, 仿佛空间无限延伸。闻香柱令人们沉浸于香氛的大海中。室内悬挂着香水瓶, 使进入店铺的顾客置身于香水的世界里, 在这一真实与幻想的空间之中, 给顾客安静的环境和思考的空间。

01 / 街道视图
02 / 店内空间

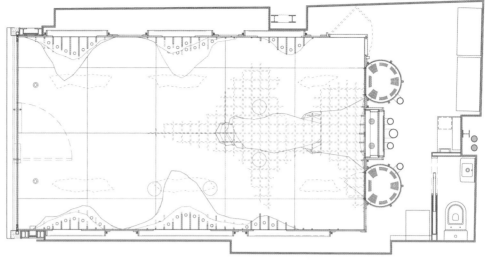

一层平面图

03 / 入口处全视图
04 / 悬浮岛屿般的香水展示台

04

纵向剖面图

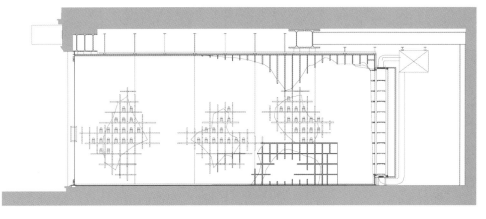

05—06 / 岛屿状的展示架
07 / 展示架细节

雪花秀旗舰店
Sulwhasoo Flagship Store

项目地点 / 韩国, 首尔
项目面积 / 1949 平方米
完工时间 / 2016 年
设计公司 / Neri&Hu
摄影师 / Pedro Pegenaute
委托方 / Sulwhasoo

灯笼的象征意义是引领人们走出黑暗, 而该店铺的设计灵感便源自灯笼。设计师将室内设计与亚洲传统文化紧密相连, 其设计始终贯穿了三个重要理念, 即个性、旅程与记忆。室内的黄铜网格结构将各个空间串联在一起, 为顾客创造独特的购物体验。

室内空间以木质材料为主, 在木质结构中嵌入镜面, 增强了无限延伸的空间感。精细的黄铜结构与实木地板的厚重相得益彰。在木质结构中嵌入石料, 制成木质展示柜, 用来摆放产品。照明灯悬挂于灯笼状的结构中, 勾勒出优美的展示空间, 使顾客将目光聚焦在展示的产品上。

位于地下室的 SPA 空间采用暗色墙砖, 土灰色石材及暖色木地板则营造出亲切的庇护感。自由延展的黄铜网格结构将周围的城市景观构成空间的一部分, 营造出极致的视觉体验。整段旅程融合了对立元素: 封闭与开放、明与暗、精细与厚重。从营造空间到灯光处理, 再到陈列和标志设计, 每一个细节都体现了灯笼的概念, 而这种充斥着神秘的空间也激发了人们前去探索的欲望。

01 / 外视图
02 / 店面
03 / 黄铜框架

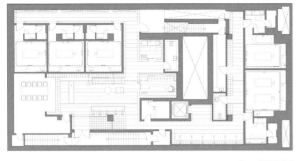

负一楼平面图

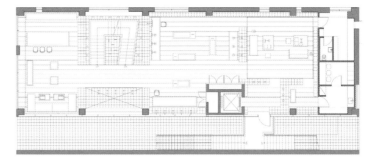

二楼平面图

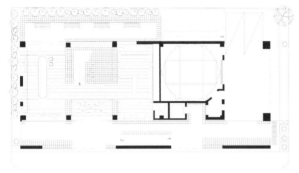

一楼平面图

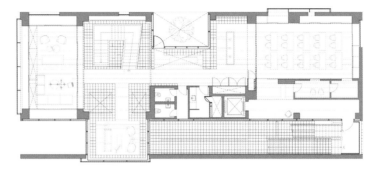

三楼平面图

04—05 / 入口大厅

四楼平面图

阳台平面图

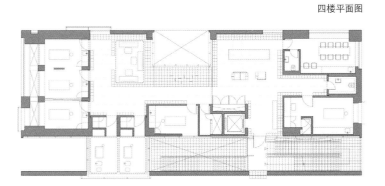

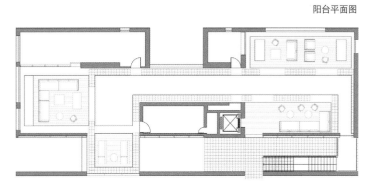

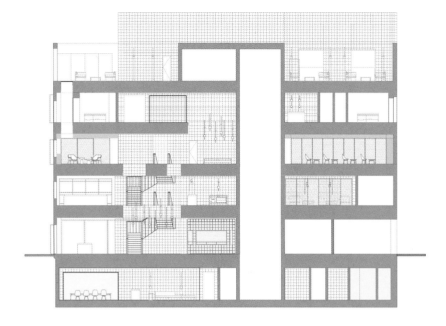
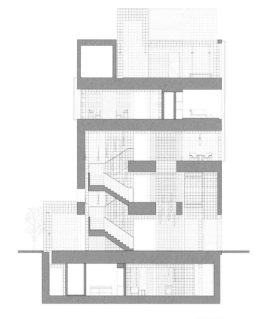

剖面图

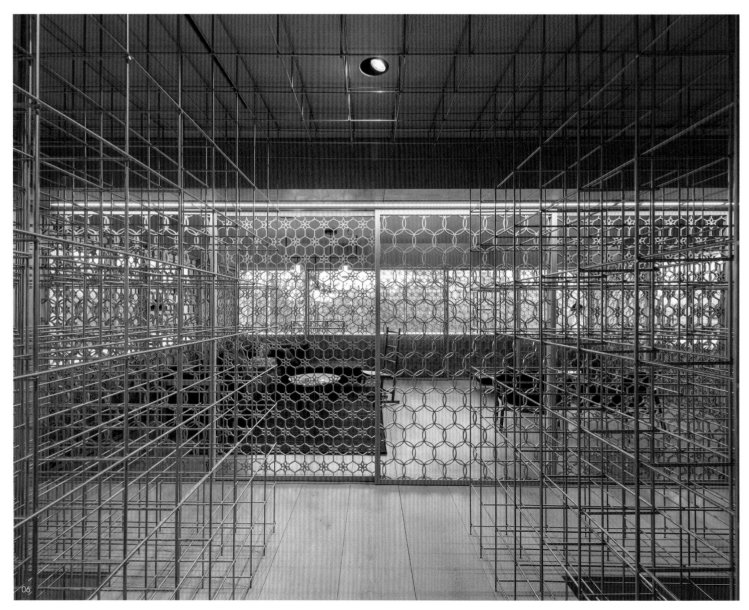

06 / 三楼贵宾休息室
07 / 三楼休息室

HARMAY 美妆店

HARMAY

项目地点 / 中国，上海
项目面积 / 200 平方米
完工时间 / 2017 年
设计公司 / AIM Architecture
摄影师 / Jerry Yin
委托方 / HARMAY

01 / 店面
02 / 货架

这家线下商店看上去如同一间仓库，坐落于上海市中心前法租界的黄金地段，这对于精品店来说无疑是大胆的选择。该设计反映出商业的核心，将顾客直接带到幕后，好像进入了在线的后台操作。

设计师采用透明的聚碳酸酯面板层层覆盖在原有的墙面上，与同一街道上其他的精品店产生鲜明的视觉差。室内空间的营造与线上购物的体验相呼应，体现出仓库或者实验室一样的简单整齐秩序。

一层的螺旋式金属楼梯进入二层空间。二层不再是单纯的销售空间，而是融入了更加放松和舒适的气氛。淡粉色调的空间与手工编织的复古地毯、不拘一格的家具和蓝色座椅搭配，是新品发布和线下活动的理想空间。一层空间能够让顾客亲身体验一个知名品牌背后的故事，二层给顾客提供舒适区。在网络商务中找到新时代的生活方式，并从中了解到背后的人生体验。这家实体店的空间设计贴切地表达了这些感受，并通过精致而富有亲和力的环境为虚拟的购物体验赋予了无限的生命力。

01

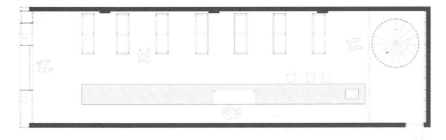

二层平面图

一层平面图

03 / 入口
04 / 产品展示区及产品试用台
05 / 休息室

Uniprix 药妆店
Uniprix Pharmacy

项目地点 / 加拿大，蒙特利尔
项目面积 / 1013 平方米
完工时间 / 2015 年
设计公司 / Jean de Lessard—Designers Créatifs
摄影师 / Adrien Williams

店内有一间实验室，实验室由一组圆形组成，包括耳室、储藏间和办公区等。店铺设计考虑到风水因素，如构建空间结构促进能量流通顺畅，这就是风水中的"气"。

01 / 店铺全景图

对于提升风水的"气"来说，关键因素是光线。实验室在店铺北侧，自然光可以从北侧的大窗户照射进来。风水学上，北方属水，搭配金属，属吉，所以室内北侧设计上运用蓝色和钢材，因为蓝色代表水，钢材代表金属。耳室外观为黄色，柔和的色彩融入设计，缓解实验室给人带来的冰冷感。家具的布置也是精心设计的。室内角落放置高大家具，实验室内放置低矮家具，不阻挡视线，提供开阔视野。店铺设计整体上是简约风格，室内的货架和柜台展现了简单的时尚感。

设计师在店铺的一楼还设计了一间诊所，试图用简洁的设计理念，给消费者带来简单轻松的购物体验。同时，弧形墙壁为简洁的室内空间增添了几分动感。室内南侧等候室上方的天花板为木质材料，设计师将木质材料设计成条形。而且在风水学上，南方搭配木元素，属吉。木条状天花板设计独特，带给人们温暖和明亮的感觉，这种特殊的设计是为了在风水学上对"气"不构成压迫。

平面图

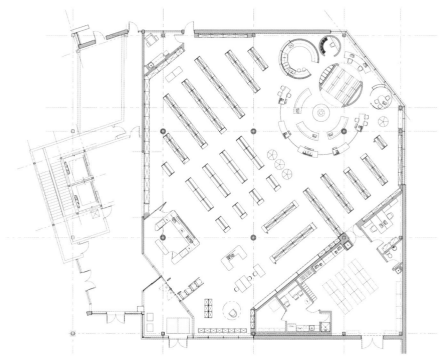

01

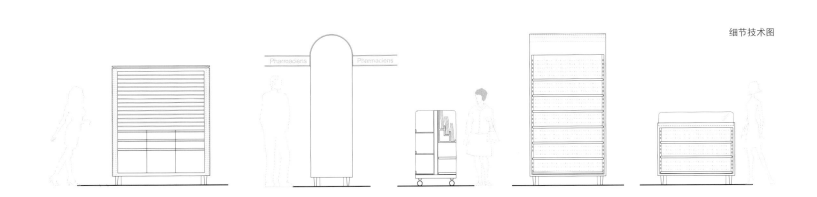

细节技术图

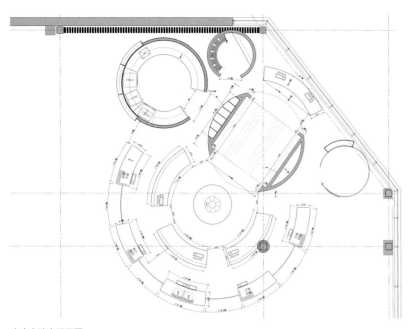

店内实验室平面图

02 / 店内实验室
03 / 诊所入口
04 / 诊所内部办公室
05 / 诊所候诊室

02

03

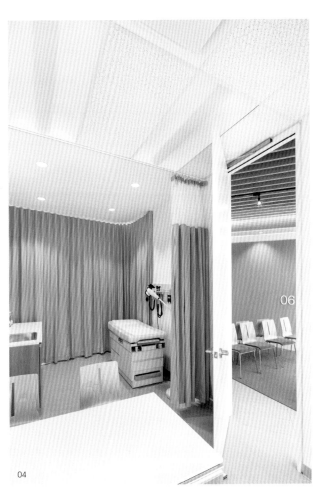

04

05

Univers NuFace 美容店

Univers NuFace

项目地点 / 加拿大，拉瓦尔
项目面积 / 455 平方米
完工时间 / 2015 年
设计公司 / ADHOC Architects
摄影师 / Adrien Williams
委托方 / Univers NuFace

凭借在奢华精品店与高科技实验室之间从容切换的室内环境，店铺为顾客提供进入全新世界的神奇体验。设计师打造了一个明亮、干净又有趣的空间。设计中面临的挑战是在塑造专业、洁净的全新空间的同时满足业主的个性化要求。

最初的设计概念是蝴蝶形象，结合品牌的所有特质，设计师得到了灵感——全新面孔、全新姿态和华丽蜕变。更为重要的是，店铺展示不同的产品类型，并让它们绽放自己特有的光芒。设计策略是创造一个干净和明亮的空间，通过颜色、肌理和材质的变换将各部分连接在一起。空间既统一连贯又各具特色。

设计师使用简易而造价低廉的做法，如在美容咨询室内使用对比色来营造不同的氛围。此外，设计师借助数字参数工具，打造具有精细纹理的蝴蝶图样，作为公司的形象出现在各功能区域内，最终形成抽象又现代、与顾客有密切联系的空间。

01 / 美容护理室

平面图

① 入口
② 接待区
③ 等待区
④ 手术室
⑤ 美容保健区
⑥ 办公室
⑦ 快照屋
⑧ 档案室
⑨ 服务设备室
⑩ 面霜区
⑪ 员工室
⑫ 储藏室

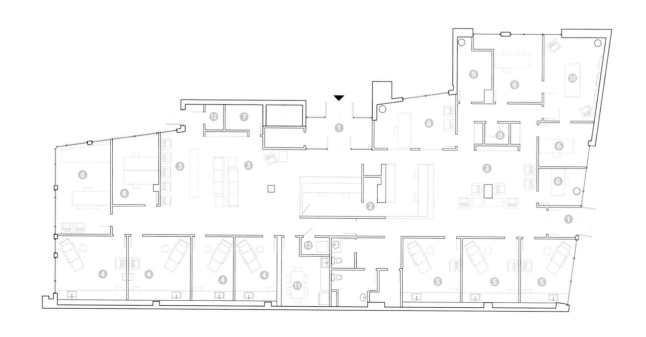

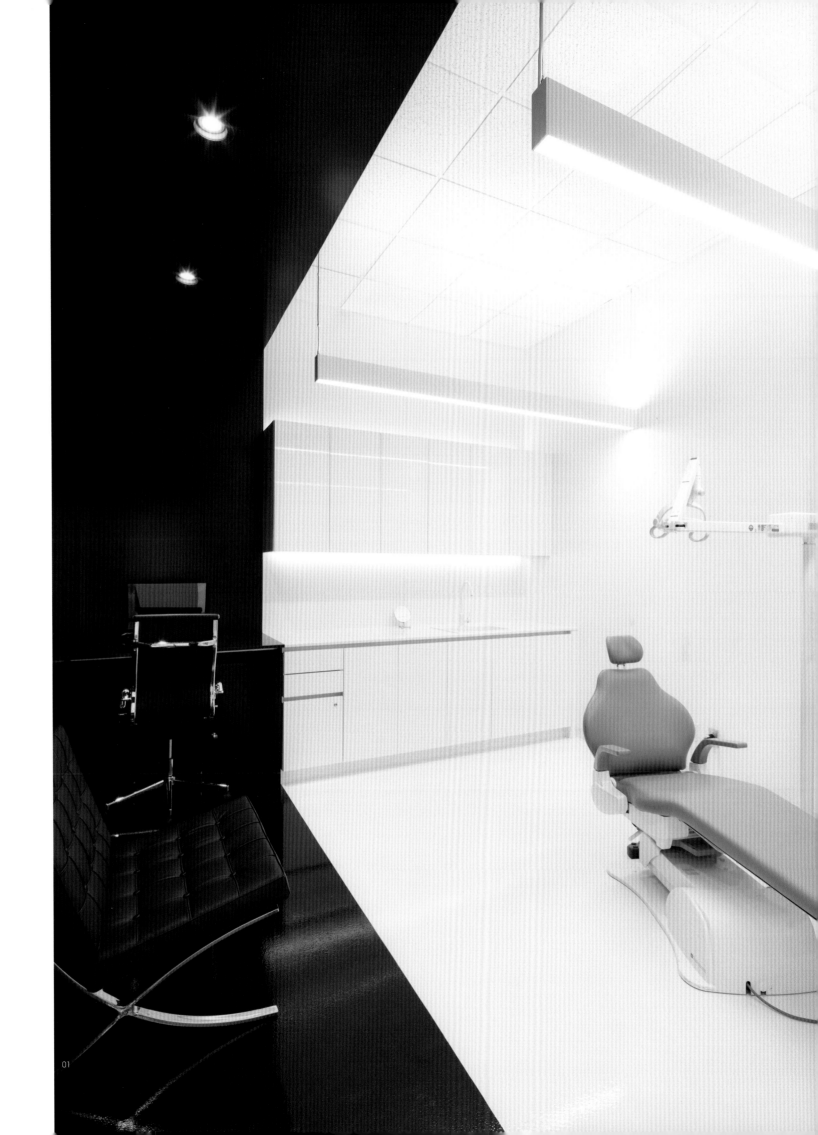

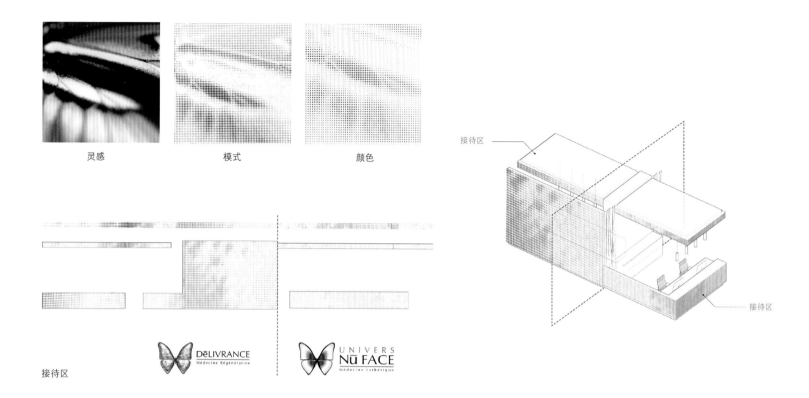

灵感　　　　　　模式　　　　　　颜色

接待区

接待区

接待区

02 / 接待处和等候区
03 / 糖果区和等候区
04 / 办公室
05 / 细节图

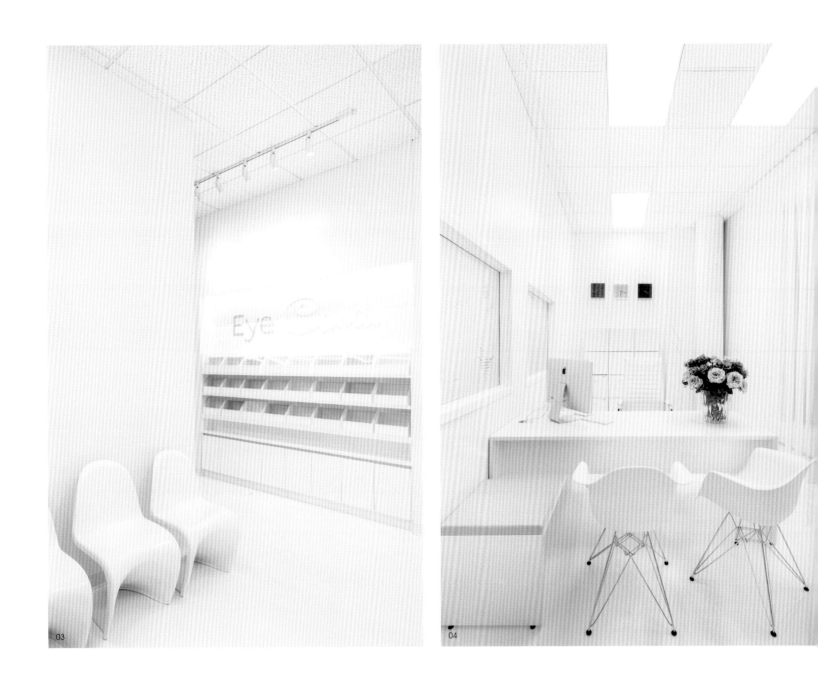

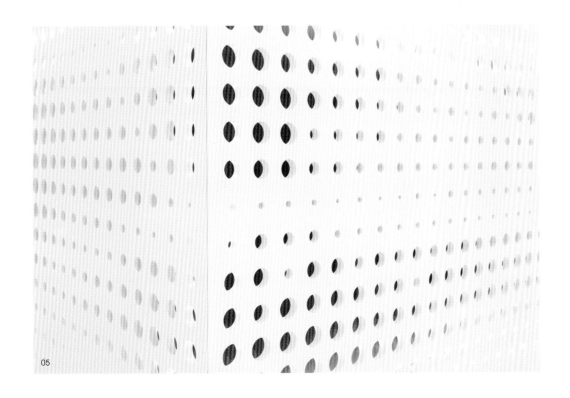

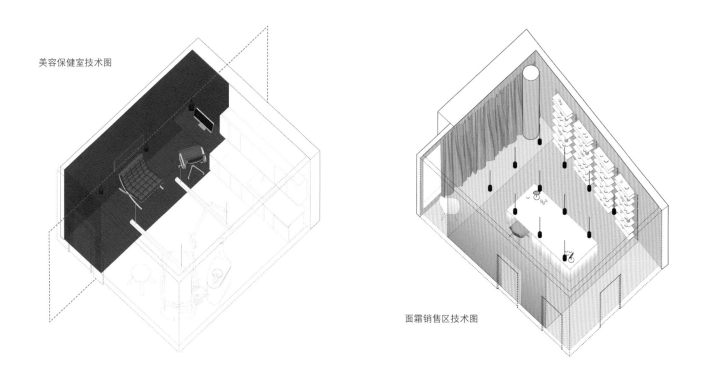

美容保健室技术图

面霜销售区技术图

06 / 面霜销售区
07—08 / 美容保健室

06

07

Eye Eye 眼镜店

Eye Eye

项目地点 / 美国, 西雅图
项目面积 / 202 平方米
完工时间 / 2017 年
设计公司 / Best Practice Architecture
摄影师 / Rafael Soldi
委托方 / Dr. Will Pentecost

店铺设计利用光学和验光的知识, 带给人们多重感受和反射体验。该项目最初于 2015 年完成, 2017 年店面扩展到邻近的店面空间, 新增前台、休息室、卫生间、验光前测试区、验光室以及新的眼镜展示区。

01 / 钢架眼镜展示区

店铺新旧两个空间由间隔墙相连。将有序排列的一系列粉末涂层钢框架结合在一起。眼镜展示柜采用的是定制的亚克力材质, 全镜面设计, 装有木制的眼镜展示盒。展示柜的整体照明可以使顾客多角度地看到自己试戴眼镜的样子。顾客可以看后视镜或者镜像墙, 这就像眼睛的晶状体, 折射光线并将其聚焦在视网膜上。通过旋转的镜子门可进入检查室, 室内的白色橡木柜将这一空间与零售区分开, 室内的验光设备, 为顾客进行不同类型的测试。

新增空间还有接待室, 面积更大, 功能性更强, 能同时容纳数名员工。其中一个区域为迎接客人和收款而设, 另一区域则用于配镜。桌上木制隔板保护隐私, 满足顾客私密性需求, 但仍然对顾客完全开放。展示柜围绕间隔墙, 可以充当文件存储柜。新空间的东侧墙壁上, 镜面的展区与现有的一面框架相互呼应, 将亚克力盒子和展示柜连接。现有夹层扩大, 员工的存储空间更大。在扩大的夹层中创建私人检查准备室, 这一黑暗空间正好可以摆放金箔画, 验光师可以用它来进行同心圆测试。

一层平面图

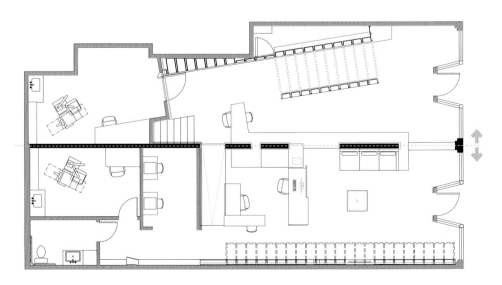

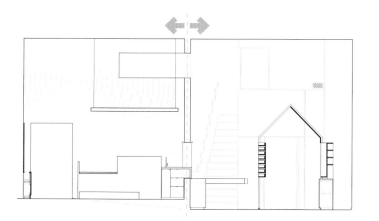

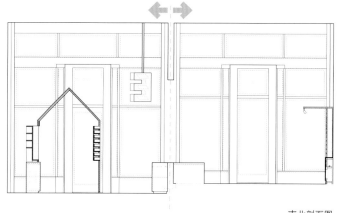

南北剖面图

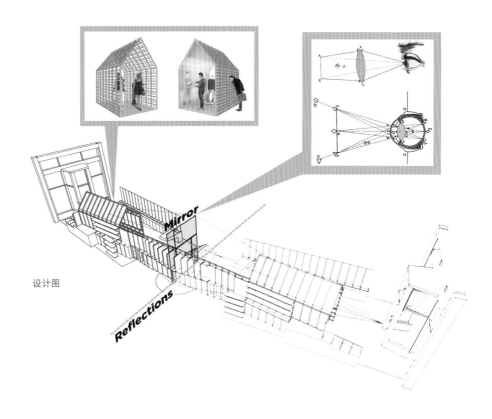

设计图

02 / 零售空间新入口
03 / 定制接待台
04 / 诊所功能空间与零售空间的分隔区
05 / 眼镜展示墙

05

Ace & Tate 慕尼黑店

Ace & Tate Store Munich

项目地点 / 德国，慕尼黑
项目面积 / 80 平方米
完工时间 / 2016 年
设计公司 / Weiss-heiten
摄影师 / Conny Mirbach
委托方 / Ace and Tate Holding B.V

眼镜品牌 Ace & Tate 在柏林成功开设第一家旗舰店后，一直持续为欧洲的眼镜行业带来创新的理念。设计师通过错觉和感知将概念和视觉效果完美结合。

该店的设计灵感源自音乐专辑。设计师将音乐作为店铺主题。店铺前面窗前摆放多刺植物、酒吧风格的桌子以及音乐休闲区，为顾客创造独特体验。木制圆桌充当顾客接待处。旁边墙上一排架子用来放置眼镜。天花板上的灯为架子上的眼镜提供了照明。顾客在购物之余可以在灰色沙发上听音乐或者休息。

作为网络品牌的线下商店，旗舰店的主要目标是为现有客户和潜在客户提供完善的品牌体验。店铺的客户体验助理团队为顾客提供风格和健康方面的建议，而且顾客则可以通过预约进行每周 6 天的免费视力测试。

01 / 店铺室内空间
02 / 店面
03 / 音乐角的休息区

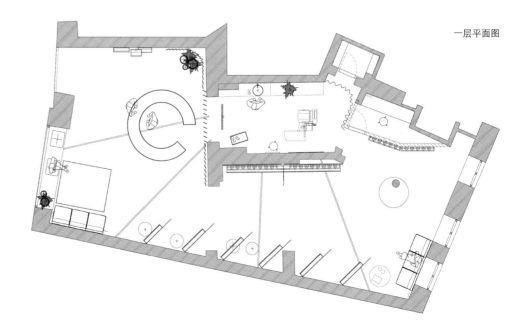

一层平面图

01

02

03

this view is bad.   better.   sest.

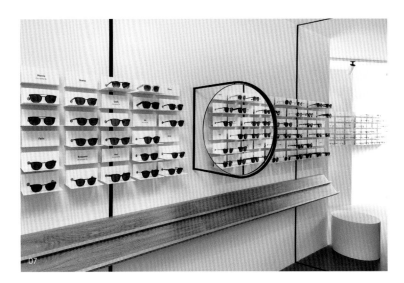

04 / 收款台和服务台
05 / 销售柜台
06 / 休息和阅读区的窗户一角
07 / 新品货架
08 / 验光室

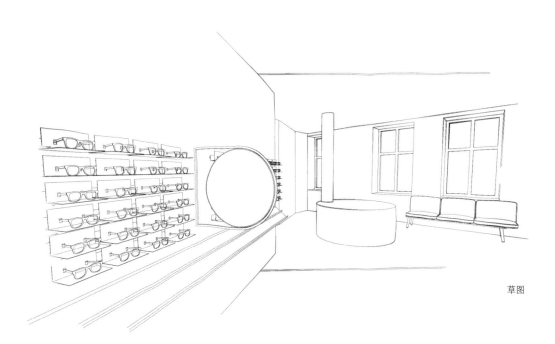

草图

CARIN 旗舰店
CARIN Flagship Store

项目地点 / 韩国, 首尔
项目面积 / 210 平方米
完工时间 / 2016 年
设计公司 / NiiiZ Design LAB
摄影师 / CARIN

这家女士太阳镜销售店铺的设计充分利用了植物元素,因为人们对植物之美总是充满向往。自然元素的外观、颜色、纹理、对比度和声音都是情感的潜在象征,它们为空间增添了生机,给进店的顾客传递情感。这就是设计师将植物作为室内设计元素,将自然带入室内空间的原因。

店铺中太阳镜展室因其生动的植物室内设计和独一无二的实验室理念,使人出乎意料。设计师专注于利用店内空间中的现有元素与新概念进行融合。设计展室时,采用白色色调以获得女性顾客的青睐,并加入了与白色色调完美搭配的植物室内设计概念。白色和绿色的清新和活力给人明亮又积极的感觉。

画在白色画布上的绿色多肉植物和普通植物形成了如画般的视觉感受,使室内环境更加柔和,设计师创造的不只是视觉效果,还是与自然元素结合的心理效应,能缓解人们进入室内封闭空间的局促感,丰富室内体验。大自然的元素通过设计融入到室内空间,创造出一种全新的象征意义。

01 / 窗边空间
02 / 植物展示台

一层平面图

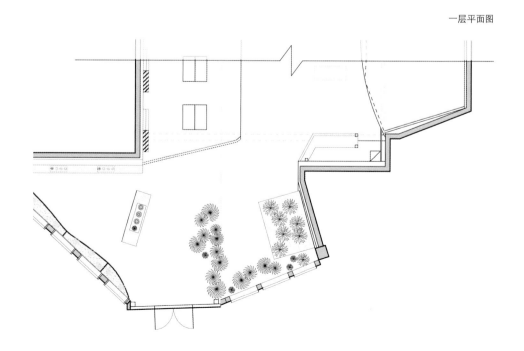

03 / 店内空间
04 / 货架
05 / 控制开关
06 / 植物细节图

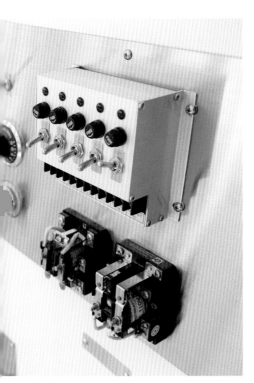

06

Kirk Originals 伦敦旗舰店

Kirk Originals Flagship Store

项目地点 / 英国, 伦敦
项目面积 / 66 平方米
完工时间 / 2010 年
设计公司 / Campaign
摄影师 / Hufton + Crow
委托方 / Kirk Originals

设计师为刚刚开业的国际知名眼镜品牌的伦敦旗舰店营造出干练而又生动的零售环境。旗舰店位于伦敦西区,展示品牌的全系列时尚眼镜和太阳镜。

室内空间整体气氛愉悦,更好地表达出品牌的传统和气质,便于顾客浏览和试戴展示架上的手工镜框。地下室的验光室和配镜室配套设施齐全。室内设计从该品牌最新的运动系列中汲取灵感,重点展示各种各样的外观和眼眸。玻璃前窗上悬挂着一系列眨眼的"眼睛",以吸引顾客的目光。商店的展示墙上全部挂着闪烁的"眼睛",为顾客浏览和试戴眼镜提供更加直观和生动的感受,与顾客直接互动。店内 187 个白漆雕塑架都配有一个独特的镜框,整个框架还可以调整。设计师采用单色调及温和材料,蓝灰色的墙壁和深灰色的地板协调呼应,聚光灯投射在配有镜架的"眼睛"上,使得镜架像艺术品一样在室内展示。

品牌标志作为购物体验的重要部分,贯穿于整个空间。入口两面墙上,有简洁的品牌起源描述;与此同时,后面墙上的黑白投影,设计师通过万花筒式的持续循环结构重新设计了品牌标志。室内设计为眼镜爱好者创造了令人难忘的购物空间。

01 / 店面
02 / 眼镜展示的"眨眼"装置

01

02

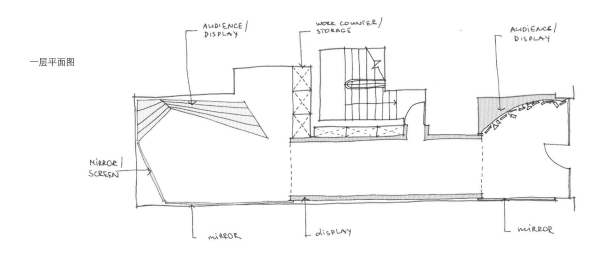

一层平面图

AUDIENCE / DISPLAY

WORK COUNTER / STORAGE

AUDIENCE / DISPLAY

MIRROR / SCREEN

MIRROR

DISPLAY

MIRROR

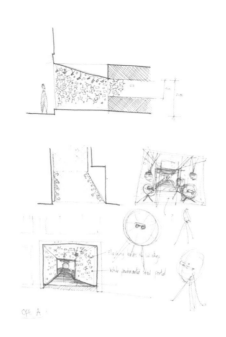

草图

03—04 / 眼镜展示墙
05—06 / 展示架细节

L' Aire Visuelle 眼镜店

L'Aire Visuelle Optométristes-opticiens

项目地点 / 加拿大, 拉瓦尔
项目面积 / 297 平方米
完工时间 / 2014 年
设计公司 / la SHED architecture
摄影师 / Maxime Brouillet
委托方 / Sylvain Duquette, Hélène Turgeon, Suzie
Pelletier

设计师利用简单而高对比度的天然材料, 设计了一家独特的眼镜店。该店的室内空间包括眼镜销售区以及验光区。店铺三面有窗, 大厅形状不规则, 与主要结构框架呈错位角度。室内的销售区域在前, 窗户最多, 距离入口最近。开放区域的产品展示台低, 为顾客扫清视觉障碍。

销售区的天花板采用木质材料, 天花板上安装大量照明灯。天花板的设计动感十足, 产生动态视觉效果。室内墙壁上有眼镜展示架, 垂直的格架展示着品牌产品。销售区域的地面铺有白色瓷砖, 长而窄的瓷砖与木制天花板相呼应, 使整个空间和谐统一。销售区的后面是检查室。黑色缎面空间成为接待区的背景。天花板上方采用嵌壁式照明。高对比度的色彩带来戏剧性的视觉效果。通道区和咨询区的地板上铺着黑色的地毯, 吸收了销售区的声音和光线。在天花板的格架中安装荧光管, 使得室内空间明亮, 与其他私人空间形成鲜明对比, 从而为销售区域增添活力。

隐藏在整个结构中的黑色圆柱管为通道区、等待区和咨询区提供丰富柔和的照明, 与展示室的充足光线形成对比。项目中的孔隙度、颜色和纹理的对比很好地反映每个空间的不同特征, 并有助于更加简单而清楚地理解办公室的规划。精致的装饰细节, 如无框架的门以及嵌入的柱基促进不同空间整洁外观的形成, 突出强烈的建筑理念。

01 / 入口处及等待室
02 / 治疗室和储藏室

01

03 / 销售展示区和咨询室
04 / 设计独特的天花板与眼镜展示柜台相呼应

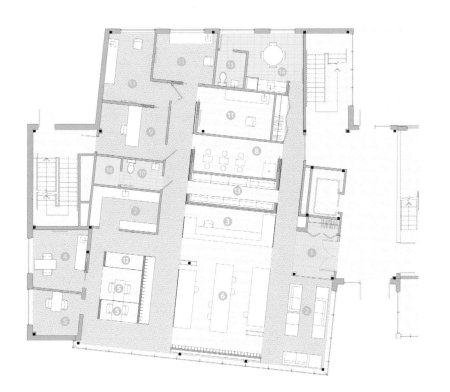

一层平面图

1	入口	9	办公室
2	等待区	10	洗手间
3	接待区	11	检查室
4	隐形眼镜室	12	等候区
5	咨询室	13	储藏室
6	销售区	14	厨房
7	实验室	15	员工洗手间
8	验光前检查室	16	设备室

05

05 / 商店整体内部空间
06 / 销售区
07 / 接待处
08 / 检查室

06

07

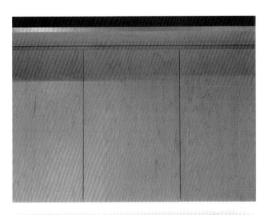

08

Nova 眼镜店
Nova Óptica

项目地点 / 葡萄牙, 吉马良斯
项目面积 / 72 平方米
完工时间 / 2013 年
设计公司 / Tsou Arquitectos
摄影师 / Nelson Garrido
委托方 / Nova Óptica

店铺是位于葡萄牙吉马良斯历史中心的一家新光学商店。商店的空间构成需要考虑周边历史建筑的特征。尽管这个地方历史悠久, 但空间已经被掺入其他的物质, 可以从墙壁和天花板上看到混凝土结构的痕迹。室内空间包括眼镜展示区与验光办公室。波浪般的展示台有别于传统的竖直货架, 营造出一个动态的店铺空间, 可以带给顾客新奇的购物感受。

设计理念的来源是在一个统一的、引人注目的空间内, 在全部的墙壁上创造波状的垂直元素。该元素的曲线设计可以转换和满足不同功能区域的需求, 集成各种功能元素。由于临街的店面窗户宽度有限, 所以设计师将其设计成可以使用从商店外部到内部的整条步道, 一直延伸到展厅内的展示面板。四个展示板的高度不一, 上面陈列着眼镜产品。蛋白石亚克力的背光和嵌壁式 LED 灯带, 突出和增强产品展示的效果。不同的货架形状可供卖家进行不同的使用和安排。眼镜货架的下方是储物柜, 一排柜门宛如波浪, 将必要的储存抽屉隐藏起来。展示区旁边是等候区, 通道通向验光办公室。

柜台位于商店的中央, 可以随意转换, 在不同的销售时段, 有不同的用途, 既可以作为顾客的快速通道, 又可以作为悬臂桌支撑的座椅。设计师采用中密度纤维板, 将传统建筑知识与三维模型图相结合, 形成波纹板的形状和结构。为了突出面板的特点, 所有的照明都是嵌入式节能 LED 灯带。设计师用弯曲的线条来欢迎所有进店的顾客, 为这家光学商店的设计提供一种新的方法。

01 / 店面
02 / 内视图

01

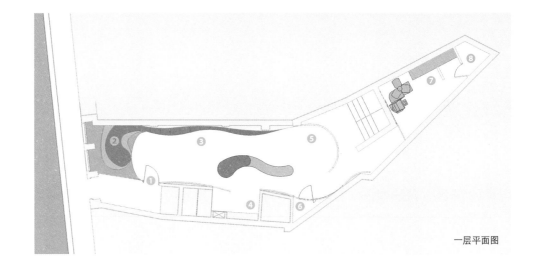

① 入口
② 店面
③ 展示柜
④ 接待处
⑤ 等待区
⑥ 储藏室
⑦ 办公室
⑧ 卫生间

一层平面图

03 / 接待处视图
04 / 展示柜
05 / 店内全视图
06 / 展示柜细节

03

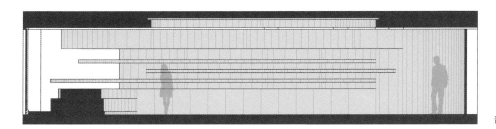

剖面图

Sole 眼镜店

Sole Optic Store

项目地点 / 匈牙利, 克尔门德
项目面积 / 70 平方米
完工时间 / 2016 年
设计公司 / Csiszer Design Studio
摄影师 / Tibor Rumpler
委托方 / Sole Optika
预算 / 72,000 美元

该项目是匈牙利西部边境城市克尔门德市中心的一个中等规模的商店。极简的室内设计使店内看起来更加整洁明亮。该商店的外观和轮廓已经确定,设计师遵照明确的设计理念设计了这家店铺。

01 / 时尚的眼镜展示架

室内设计侧重于使用圆形和球形。圆形和球形的元素充分突出了眼镜店的形象。窗户旁的眼镜架被设计成眼镜的形状。黑色框架是由嵌入墙内的两个圆形结构组成的,圆形框架由一条黑色曲线相连。两个圆形框架与中间的曲线,整体上来看宛如一副眼镜挂在墙上。框架由石膏板构成。黑色圆形框架的内侧顶部装有聚光灯,将架上的眼镜照亮。销售柜台上悬挂着球形吊坠作为装饰。店内其他墙壁上也嵌入圆形展示架,向消费者展示着眼镜。悬挂在墙壁上的圆形镜子用来帮助顾客更好地挑选眼镜。店内天花板上的灯光设计也是采用圆形。店内设计充分利用了圆形和球形,区别于传统眼镜店的设计。

室内的陈设摆放反映出整洁和极简主义的理念。镜框展示区设在墙上,直接向顾客展示眼镜,为顾客提供便捷服务。在顾客选择眼镜的过程中,没有其他独立的展示架让顾客难以选择。店内设计独特,灯光照在雪白且高光泽度的柜台上,与白色地面、墙壁交相辉映,形成了简约整洁的室内环境。贵宾区内,圆形眼镜展示架与方形墙纸形成对比,白色空间与橙色和蓝色座椅构成反差,给顾客带来与众不同的消费体验。

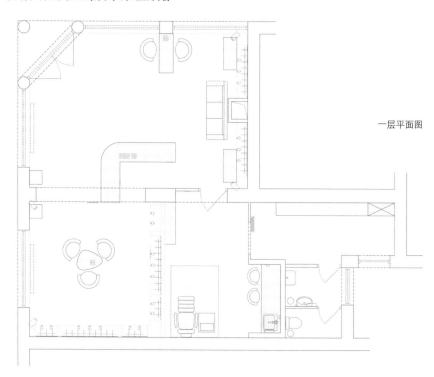

一层平面图

01

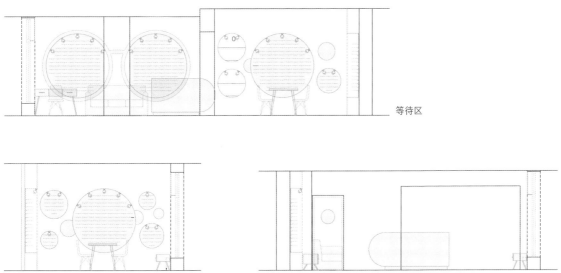

等待区

休息服务区

接待区

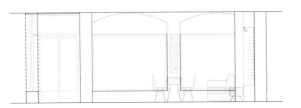

外部可见的拱形窗户

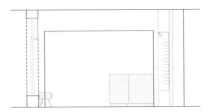

柜台的储物抽屉

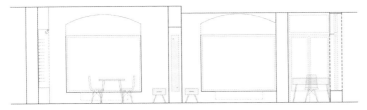

休息服务台

02 / 嵌入墙内的圆形展示台
03 / 球形吊饰与圆形展示架
04 / 内置可调聚光灯
05 / 墙上无阴影的眼镜展示架

02

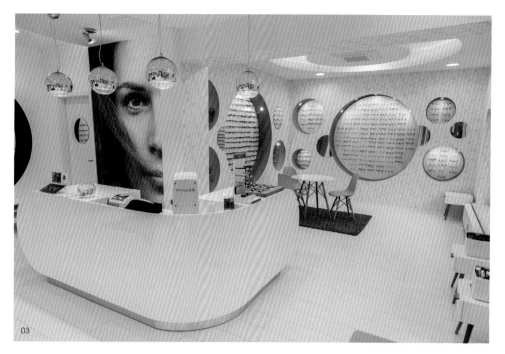

03

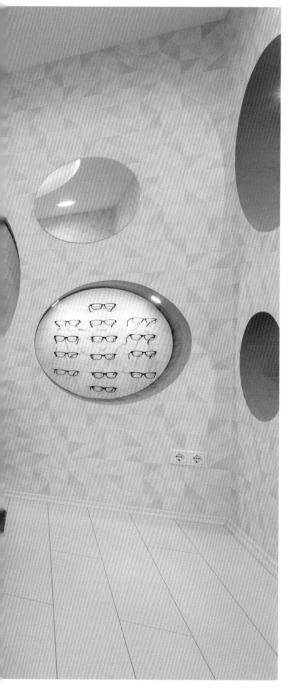

04

05

Hunke 珠宝眼镜店

Hunke Jewelry and Eyewear

项目地点 / 德国，路德维希堡
项目面积 / 1400 平方米
完工时间 / 2017 年
设计公司 / Ippolito Fleitz Group GmbH
摄影师 / Zooey Braun
委托方 / Hunke GmbH

商店入口临近繁华街道，从入口处进入，直接到达店铺中央服务区。彩色有机玻璃架吸引顾客眼球，激发顾客好奇心。色彩缤纷的货架区域包括太阳镜和矫正眼镜展示架，以及休息厅，而鲜红色的货架则指示着珠宝展示区和通往上层的楼梯。深色窗帘前的明亮装饰柜照亮柜台，并为眼镜提供完美的展示平台。黑色柜台为各系列的眼镜产品提供大量的存储空间。

根据隐私程度不同，咨询区各不相同。咨询区地面为抛光砂浆层，上面铺松软的地毯。暗木色、天青石色和玫瑰石英色的地毯与色彩鲜艳的透明有机玻璃和明亮的白色柜台形成对比。

珠宝区入口右侧区域狭窄而舒适，用于展示手表。室内一侧墙面缀满黄铜装饰，突出手工艺和高品质材料。左侧是宽敞的珠宝区，挂着柔软的窗帘，光滑地面上铺着松软的地毯，以优雅的姿态和轻松的氛围欢迎着顾客的到来。入口区域的光滑大理石、飘动的窗帘和编织的金属装饰吸引着顾客的目光。对面墙上，三维石膏浮雕吸引着游客走进商店的后方，那里有迷人的光影效果。

穿过收款台和咖啡吧，室内呈现出两层高的中庭。在这里，材料和切面的多样性达到顶峰。人工吹制的玻璃灯从天花板上垂挂下来，像金色的雨滴。光线在光滑的墙面上有节奏地闪烁，给房间增添神秘气氛。镀金天花板在室内闪闪发光，像永恒的太阳。古老的银器使店内光秃秃的砖墙与崭新光滑的墙面形成鲜明的对比。中庭的三个豪华咨询区接待贵宾级客户。咨询区内包括上等的皮革表面和黄铜元素，而舒适的休息区则引导顾客在轻松的气氛中休息。楼梯一侧墙面为玫瑰色，给人温暖的感觉，墙上的名字陪伴着顾客，代表着爱的力量。

01 / 店内多彩货架

(1) 眼镜销售区　　　　　(6) 婚戒区休息室
(2) 珠宝销售区　　　　　(7) 婚戒销售区
(3) 手表销售区　　　　　(8) 咨询区
(4) 劳力士手表销售区　　(9) 休息室
(5) 奢华珠宝销售区

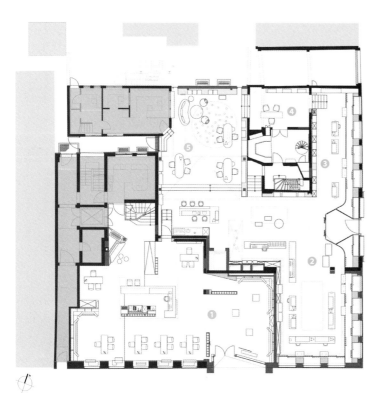

一层平面图

02 / 通向中央服务区和咖啡吧的入口
03 / 灯光明亮的眼镜展示柜

04—06 / 隐私度不同的咨询区
07 / 室内空间与现代元素融合

08 / 黄铜产品展示柜
09 / 中庭内的咨询区
10 / 中庭
11 / 裸砖墙与光滑新墙面形成反差

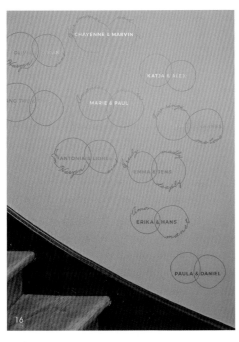

12—13 / 宽敞珠宝区内的柔软窗帘和地毯
14 / 手表展示区的入口右侧区域
15 / 咨询区
16—17 / 楼梯旁的"爱之墙"
18 / 咨询区内的空间布置

Amber & Art Store

项目地点 / 俄罗斯，圣彼得堡
项目面积 / 420 平方米
完工时间 / 2016 年
设计公司 / Piuarch
摄影师 / Delfino Sisto Legnani, Marco Cappelletti
委托方 / Northway
预算 / 1,300,000 欧元

该店位于市中心的商业大厦内。艺术画廊和珠宝之间的流体空间将线条模糊化，给予琥珀最完美的展示空间。

不同房间以不同类型和工艺展示着琥珀物件和珠宝。中央大厅中聚集了所有类型的产品，各类产品展示主题不一。半圆形的室内空间中，珠宝置于方格的木制框架中，菱形天花板之下，大理石地面黑灰相间。用于展示珠宝的黄铜岛高矮不一，均可作为独立的展示台。未加工的混凝土墙面上，将产品悬挂在小钩子上进行展示。店内走廊被设计成真正的艺术展览画廊，画廊顶部由原建筑的十字架拱顶组成。室内的拱顶俯瞰着带有现代特色风格的走廊。珠宝展示箱设置在走廊一侧，玻璃展示箱里黑色大理石基座上摆放着琥珀。天然橡木地板将用手粉刷混凝土的拱顶和墙壁之间很好地连接起来。蓝色金属板上展示着珠宝系列产品，给参观者一种参与感和惊奇感。

贵宾室以黑色和皇家蓝色天鹅绒墙壁为主要特征。室内天花板上装有手工制作的枝形吊灯，地面为棋盘形大理石地板。室内空间采用黄铜、丝绸、天鹅绒纺织品和大理石材料，体现设计的高贵感。

01 / 俯瞰圣彼得堡莫伊卡河堤岸的商店
02 / 黄铜和大理石组成的中央大厅

01

03 / 木质珠宝展示台
04 / 作为产品展示的黄铜岛高低错落
05 / 镜面加工的柜台细节图

一层平面图

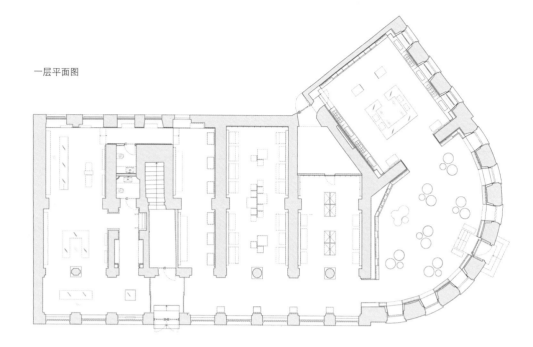

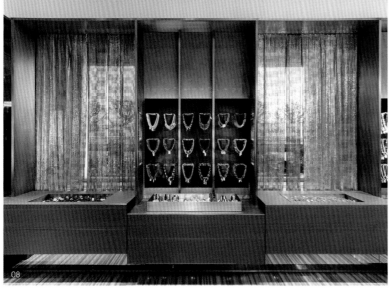

06 / 艺术画廊般的走廊
07 / 珠宝收藏贵宾室
08 / 室内空间采用黄铜、丝绸、丝绒和大理石等贵重材质
09 / 橡木地板和混凝土墙

爱思德珠宝店

As-me ESTELLE

项目地点 / 越南, 胡志明市
项目面积 / 55 平方米
完工时间 / 2016 年
设计公司 / DESIGN & CREATIVE ASSOCIATES
摄影师 / HIROYUKI OKI
委托方 / As-me ESTELLE

爱思德珠宝在胡志明市一家新开业的大型商场中开设了一家精品店。许多知名品牌在这家大型商场中落户, 甚至在开业前就吸引了人们的注意。在各种各样的品牌中, 爱思德珠宝如何脱颖而出, 吸引人们的注意力并吸引他们进入商店是该项目的一个重要挑战。

商店正门朝向走廊, 完全敞开, 没有设置隔板。展示柜和吊灯的高度是经过精心设计的, 确保顾客在店内从前走到后都能够看得清楚。商店在行人动线上安排珠宝展示, 顾客可以停下脚步, 不用进入商店也可以随意地看到商品。然后他们可以走进去看橱窗, 还可以在两面墙之间来回走动浏览商品。

在店面的两端, 都有灯柱, 随机堆叠成方形框架, 框架表面是压花玻璃, 店铺的明亮设计使其在众多商店中更加耀眼, 使行人从远处就能看到店铺。室内基本采用象牙色, 营造一种柔和氛围。墙饰分为两种类型, 对角斜切长方体形成山谷形状, 交替进行。部分添加的金色呈现出宝石般的华丽。

01 / 闪烁宝石般的墙壁

一层平面图

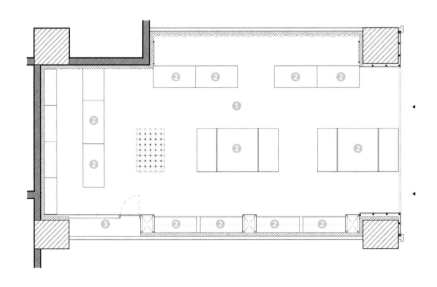

① 销售区
② 展示箱
③ 储藏室

As me ESTELLE Japan

02 / 正视图
03 / 墙上的展示柜
04 / 木块交替排列的主墙
05 / 店内全视图

墙面装饰细节图

山

谷

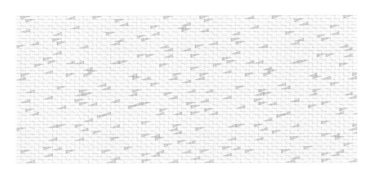

Penelope 精品店

Boutique Penelope

项目地点 / 加拿大，魁北克
项目面积 / 159 平方米
完工时间 / 2015 年
设计公司 / Hatem+D
摄影师 / Alexandre Guilbeault
委托方 / Boutique Penelope

为了庆祝公司成立 45 周年，该公司想在魁北克进一步扩大其生意范围。新开的这家店铺通过新的店面设计更新了公司的品牌形象。

设计目标是在保留现有展品的前提下，在店铺内的不同销售空间之间建立联系。设计师秉承和谐的设计理念，在商店内设计出三个明确的独特区域：手表区域，黑色优雅，位于精品店的后侧，区域内有销售柜台和幕墙；白色珠宝区内，柜台和维修柜台的表面是磨砂玻璃隔板，整个区域明亮耀眼；首饰展示区，也是店铺中最有特色的区域。

展示区的展示柜外观呈香槟色，柜台表面为不规则的钻石切割面。从远处看去，柜台像是耀眼的宝石在闪烁。店铺中也有低矮的首饰展示柜，柜体为白色，简单整洁，玻璃外罩使首饰得以充分展示在顾客面前。室内天花板也是白色，天花板上面嵌壁式的灯光照亮店内首饰。店内黑白色调的反差，与香槟色首饰展示柜台进行碰撞，产生了奇妙的效果。这种布局体现的视觉反差与室内大空间融为一体，这种美与令人耳目一新的设计相匹配。

01 / 造型独特的展示柜

一层平面图

① 手表区
② 钻石区
③ 工作区
④ 珠宝区
⑤ 安全区
⑥ 付款台
⑦ 家具区

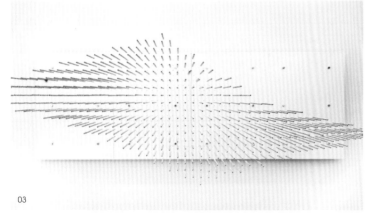

02 / 正视图
03 / 特殊装饰
04 / 产品展示柜
05 / 店内走道
06 / 形状不规则的展示柜表面
07 / 内部空间

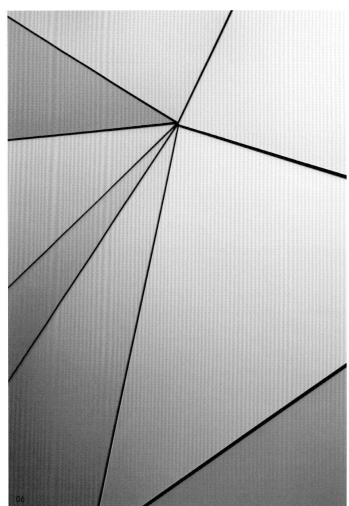

黄金云下
Under the Golden Cloud

项目地点 / 中国, 北京
项目面积 / 32 平方米
完工时间 / 2016 年
设计公司 / Beijing Muyoucun Architects Co., Ltd.
摄影师 / Shenme Li
委托方 / Beijing BoDi Trade Co., Ltd
预算 / 18 万人民币

该店铺位于中国北京, 店内展示和销售优秀的独立设计师的配饰作品。室内设计师将配饰呈现出的精神气质凝结成一朵金色云朵。静止之云, 悬浮、柔软、外部成形, 展现出无限灵妙的形状。变幻之云, 因光线的穿透或阻隔呈现出色彩与透明的不同质感, 又因时间的推移而模糊掉记忆中云的形状。

金色云朵悬浮于空中, 由金属网格构成。金色的金属网云被几何化定格在店内上方, 像素化结构在高度上的变化形成空间内部静止的状态。被光线穿透的云朵, 位置下降, 压缩成配饰展示盒子, 并围合限定出新的空间格局。时间轴上的顾客动线, 使其与配饰所在的展示盒子以及它们降落痕迹之上的金属拉杆的关系不断变换。视线的穿透或阻隔来自展示盒子和金属拉杆的空隙与重叠的层次。

光线和时间促使这一静止的云在不断产生新的视觉形态, 线形和点状的空间元素, 模糊了体量与边界, 这一微小场所因真正容纳了人而包容了人的感知层次。统一形态的展示盒子强化了专属于这一集合店铺的视觉形象。悬置的金属拉杆上预留三个高度层次的安装位置, 用来适应不同高度商品展示的灵活需求。在商业销售与展示功能的基础之上, 设计师再次思考了人和物及空间的关系。

01 / 重叠的金属网构成黄金云

轴测图

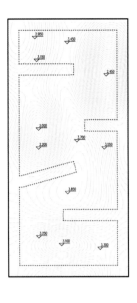

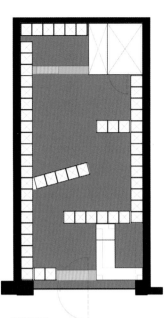

天花板技术图　　　　　　一层平面图

02 / 入口处视图
03 / 带有展示功能的收银台
04 / 金属杆连接的悬挂显示箱

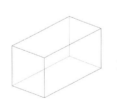  

建筑元素分析   空间构成分析

流动气泡——珑玺珠宝艺术店

Flowing Bubbles— LONSHRY Jewelry

项目地点 / 中国，广东
项目面积 / 65 平方米
完工时间 / 2017 年
设计公司 / AD ARCHITECTURE
摄影师 / Ouyang Yun

珑玺珠宝艺术店位于广东汕头一家大型商场内，销售时尚的高品质珠宝饰品。珠宝店的面积较小，而且中间有个大柱子，这为店铺设计带来了巨大挑战。设计师和业主都希望珑玺珠宝艺术店有别于其他传统的珠宝店，体现业主追求潮流的经营理念，因此力求建立一家具有感官体验的珠宝商店。

原本的店铺空间狭小，中间有立柱，这大大增加了空间设计的难度，而设计师将店铺主题定为"流动的气泡"，巧妙地解决了设计难题。设计师将装饰品设计成金色小球，许多金色小球悬挂于店铺上空，宛如流动的气泡围绕立柱飘散在空中。这种巧妙的设计将空间的缺点转化为空间的亮点，打破原本静若止水的画面感。这种收与放、动与静之间的平衡，创造性地表达出空间质感，同时引起进店客人的无限遐想。设计师用独特的设计吸引行人的眼球，体现空间在商业设计中的价值。空间整体和谐统一，动静相宜。一边平静如水，一边动如气泡，很好地平衡了理性与感性之间的关系。

室内空间中镜面的巧妙运用，延伸了空间感，同时也丰富了空间的层次感。竖向拉丝大理石使得空间的立面与拉丝铜质感相结合，色调统一干净，因此整体空间成为产品的背景，让精美的产品展示在客人眼前。地毯的运用强调了空间的舒适度。

草图

01 / 展示柜与流动的气泡

一层平面图

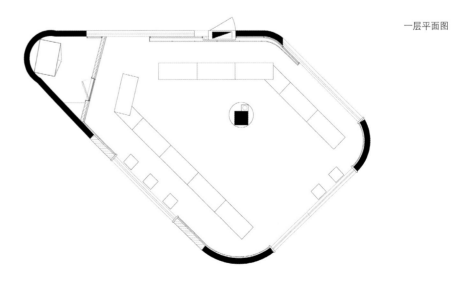

概念形象

02

03

02 / 流动的气泡细节图
03 / 展厅内视图
04 / 店内装饰
05 / 展示柜
06 / 流动的气泡

04

05

06

保利珠宝展厅

Poly Jewels

项目地点 / 中国, 北京
项目面积 / 150 平方米
完工时间 / 2014 年
设计公司 / Tao Lei Architect Studio (Tao Lei, Kang Bozhou)
摄影师 / TAOA
委托方 / POLY International Auction Co., Ltd.

展厅位于中国北京, 用于展示珠宝。商店的室内设计考虑到自然环境和人文气息的融合, 表达了独特的氛围。设计从自然形态中汲取灵感, 创造出时尚的艺术氛围。

该项目在空间布局上创造性地利用连贯的非线性内衬, 将原始空间分隔成内外两部分。两种空间可以相互变换, 体现该项目的灵活性和创造性。此外, 项目同时满足了空间对自然光线和人工光源的不同需求。在选材上, 为了营造出更具人文特色的珠宝展示效果, 设计师选用纯实木为建造主材料, 将原始森林的气息带入现代都市。同时, 木材中镶嵌金属与透明亚克力, 这不仅是构造的需要, 也是与珠宝工艺的完美融合。

内部空间的墙壁采用曲面设计, 体现室内空间的动态, 为进入展厅的客户带来活力。曲面墙壁将珠宝陈列室分隔成不同的小区域, 为客户带来梦幻般的体验。墙壁设计独特, 整体墙壁由木条构成, 木条之间留有空隙, 给人灵动的感觉。珠宝展示盒镶嵌在木质墙壁上, 其框架为黑色, 顾客可通过表面透明的玻璃看见展示的首饰。

01 / 室内空间

一层平面图

① 珠宝展示区
② 红酒展示区
③ 贵宾会议室
④ 办公室
⑤ 鉴定室
⑥ 茶室
⑦ 展示窗

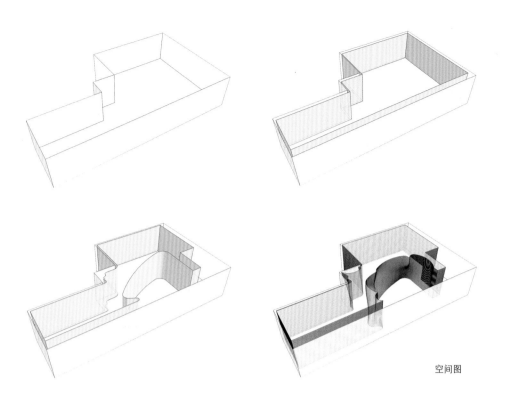

空间图

环保车辆展示馆
Ecomobility Showroom

项目地点 / 西班牙, 塞维利亚
项目面积 / 304 平方米
完工时间 / 2017 年
设计公司 / jump & fly, Xpacio
摄影师 / jump & fly
委托方 / Ecomobility Green World
预算 / 10 万欧元

01 / 店面
02 / 展示室

环保车辆展示馆位于塞维利亚市中心, 是多品牌的展示厅, 致力于展示和销售电动摩托车和其他电动产品, 提高人们环保意识, 维持城市交通可持续性, 鼓励使用清洁能源。其主要的设计理念是为展品创造动态空间, 使用时可移动, 展示时可保持静止状态。与此同时, 店铺也为摩托车用户提供寻找骑行体验新方式的地方。为了体现这些原则, 空间需要体现高科技、干净、无声和绿色, 设计师受到大自然的启发, 设计成环保的展馆空间。

展馆设计基于博物馆设计, 顾客在整个浏览过程中不遗漏任何产品。这一设计和自然体验结合在一起, 形成一条路径, 顾客沿着这条路走, 就像走在开放的区域, 远离传统的展示区。产品和摩托车沿着小路摆放, 借助竹子和植物在砾石岛上展示给顾客。这种自然元素作为空间分隔, 挡住人们的视线, 增强顾客体验, 引起顾客对角落周围事物的好奇心, 这样顾客可以在不同区域自由漫步。墙壁和天花板都是深色的, 有粗糙的拉毛罩面, 增强设计深度。为了展现出理想的自然外观, 展厅空间使用天然材料。小路为混凝土铺就, 小路轮廓采用的是柯尔顿钢。墙面为黑色碎石和红色火山砾石, 展示区像是一座座小岛, 竹竿和自然植物将小岛展示区分隔开来, 构成空间的调色板。空间内的照明是聚光灯, 但灯光照在产品上并不刺眼。幽暗的氛围中, 小路上镶嵌的抛光镜面不锈钢板, 为顾客带来清凉之感, 与塞维利亚常年的炎热气候形成强烈反差。

店内除产品展示区, 还有其他功能区, 如办公室、车辆维修室和车辆保养间。由于销售的所有产品都是电子的, 不需要汽油, 所以这些空间必须保持干净明亮, 以体现出电动摩托车相关环境的清洁环保理念。办公室和车辆维修保养间则被漆成白色, 灯光明亮, 通过巨大的玻璃格窗与展示区相分离, 以增加高科技感。

01

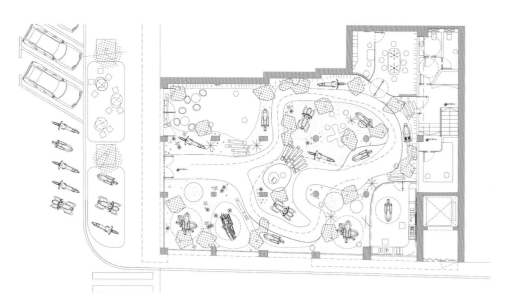

一层平面图

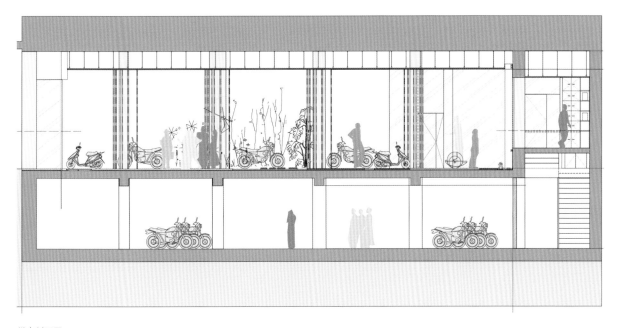

纵向剖面图

05 / 展示室
06 / 工作室
07—08 / 室内空间中的小径
09 / 镜池
10 / 石板路

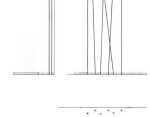

墙面细节展示图

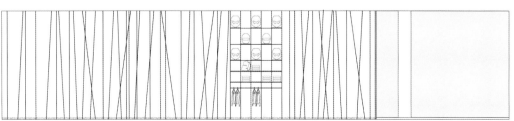

Kumpan 电动摩托车店

Kumpan

项目地点 / 加拿大，蒙特利尔
项目面积 / 56 平方米
完工时间 / 2015 年
设计公司 / Jean de Lessard—Designers Créatifs
摄影师 / Adrien Williams
委托方 / Kumpan

德国电动摩托车公司聘请一家设计公司来打造其北美展厅的室内设计。这家电动摩托车店位于加拿大蒙特利尔老城区。

该设计的主要策略是利用游牧概念的普遍性和可承受性。展馆的设计重点是探索灵活性和便携性。因此，实际的展厅采用一些简单而巧妙的解决方案，比如模块化平台。这些平台能够突出所展示的产品。店铺内还设计了卫生间，卫生间为球形结构，外表面为一层抛光黄铜，搭配染色的木质装饰。

对店铺风格进行研究之后，设计师试图在顾客的本质空间中创造出三维效果图，室内设计成功地将优雅氛围与独特的 20 世纪 50 年代风格相融合。因此，该设计结合了北美展厅的城市元素和精致元素，并通过专注于品牌产品的现代和动态形状来实现的。设计保留了温暖和美感，唤起了人们对过去产品的形状和材料的强烈回忆。入口处墙壁表面为几何图案，这种复古风格的几何图案，由粉和黑两种颜色组成。产品展示台和桌子呈椭圆形或者圆形，对于展示的摩托车来说，是令人兴奋的别致背景。

01 / 主入口视图

一层平面图

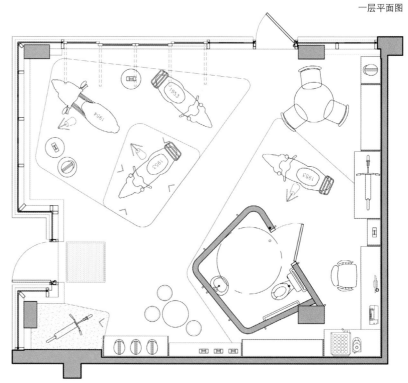

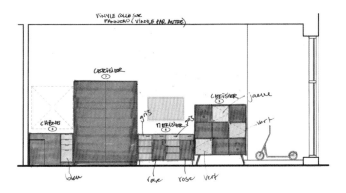

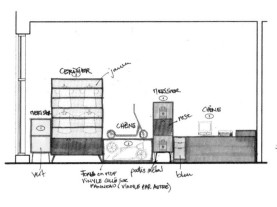

草图

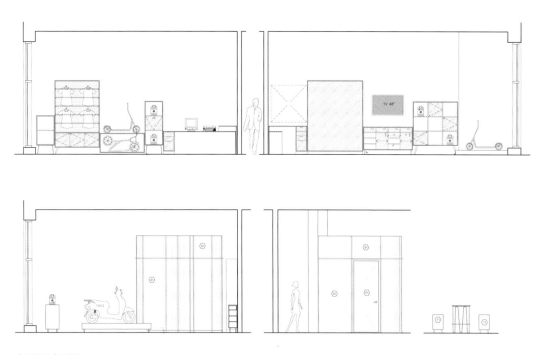

产品展示立面图

02 / 店铺的室内空间
03 / 产品展示区
04—07 / 产品细节

02

VÉLO7 自行车店
VÉLO7 Cycle Shop

项目地点 / 波兰, 波兹南
项目面积 / 100 平方米
完工时间 / 2017 年
设计公司 / mode:lina ™
摄影师 / Patryk Lewiński

店铺为顾客提供优质的自行车, 并为充满激情的自行车发烧友打造独一无二的场所, 室内设计充分展现自行车的魅力。设计师秉承自行车销售、自行车比赛、骑行和推车散步的原则来设计店铺室内空间。自行车爱好者需要一家多功能的自行车店铺, 店铺的室内空间能够轻松地容纳自行车销售、服务、维修和测试的场地。

在店铺的室内设计中, 设计师多次采用了三角形元素, 充分体现了自行车的框架结构。这一几何特征也被运用到特制的自行车货架中, 为展示自行车增添更多空间。店内设计还充分利用了品牌的视觉形象。黑白色的室内空间搭配品牌的视觉形象, 显著的线条与室内灯光呼应了品牌的三角形标志。天花板悬挂的照明灯, 三盏条形灯首尾相接, 形成三角形, 照亮了室内环境。店铺内还将自行车悬挂于天花板之下, 不仅向顾客全方位地展示了产品, 还充分利用了店铺空间。

店铺的整体布局为自行车提供极佳的展示空间。各个空间的划分模拟了车轮的造型, 店内的中央展示区如同自行车轮的轴心, 汇聚的线条则代表自行车的辐条。室内空间的动态结构反映出自行车竞赛的节奏韵律。

01 / VÉLO7 视觉识别

三角形

概念图

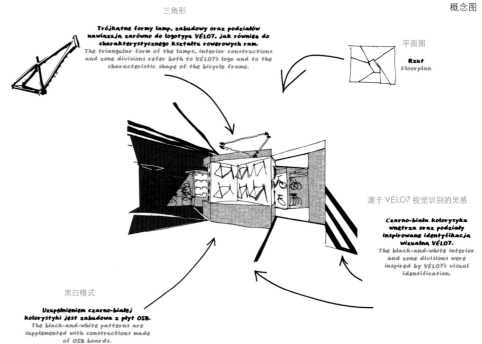

Trójkatne formy lamp, zabudowy oraz podziałów nawiązują zarówno do logotypu VÉLO7, jak również do charakterystycznego kształtu rowerowych ram.
The triangular form of the lamps, interior constructions and zone divisions refer both to VÉLO7's logo and to the characteristic shape of the bicycle frame.

平面图
Rzut
Floorplan

源于 VÉLO7 视觉识别的灵感

Czarno-biała kolorysyka wnętrza oraz podziały inspirowane identyfikacją wizualną VÉLO7.
The black-and-white interior and zone divisions were inspired by VÉLO7's visual identification.

黑白模式

Uzupełnieniem czarno-białej kolorystyki jest zabudowa z płyt OSB.
The black-and-white patterns are supplemented with constructions made of OSB boards.

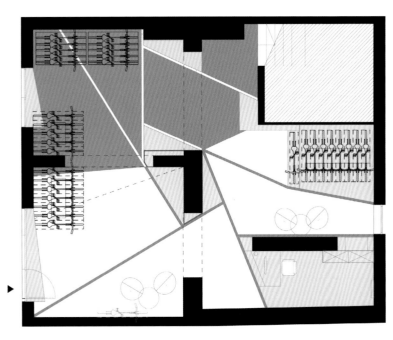

一层平面图

02 / 店内的区域划分
03 / 三角形灯具与产品展示区中三角元素相呼应
04 / 自行车架扩大了展示空间

03

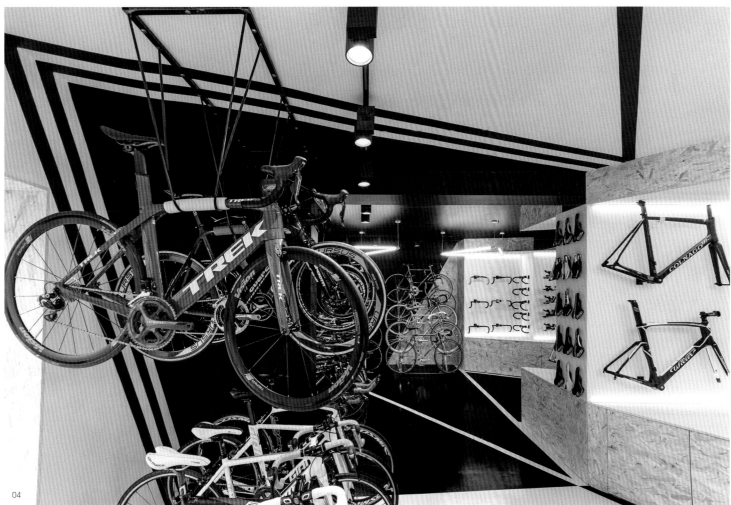

04

意大利米兰花店
POTAFIORI

项目地点 / 意大利, 米兰
项目面积 / 420 平方米
完工时间 / 2016 年
设计公司 / Storage Associati
摄影师 / Paola Pansini
委托方 / Rosalba Piccinni

花店位于意大利米兰一条街道的中心地带。这家店不是一家传统的花店,不仅仅卖花,还为顾客提供美食。花店的室内空间分为鲜花销售区、鸡尾酒吧和餐厅。多功能区域的设计使得花店成为销售空间,同时也是社交空间。花店内经常举办各种花艺沙龙,这里成为热爱插花的朋友们互相分享插花心得的空间。

01 / 窗边的桌椅与石台

室内空间最初的原貌完全隐藏在内部分区和碎片式空间之中。设计方案是将店铺设计成为开放空间,为 20 世纪早期建筑的原始结构提供新的形象。室内设计旨在遵循整齐的几何结构,设计师大胆地运用原材料,使店铺无论在白天还是夜晚都处于自然柔和的灯光之下。空间交错的外部结构中,鲜花展示台由钢板组成。黑色的展示柜台与店铺中摆放的桌椅色调一致。放桌椅的用餐区附近是厨房。室内拱门之间的空间中插入隔板,形成厨房。厨房区的外表是光滑的黄铜,封闭的厨房区还通向下一层。天花板的颜色与墙壁都为深色。

与厨房相连的还有吧台。长方形的吧台取材于当地的一种石灰石,坚固无比。这一自助吧台为顾客提供食物和鲜花。水磨石与艺术漆的完美搭配为顾客呈现出简约、时尚和精致的生活情调。整个空间中,黑钢鲜花展示台、水泥灰色墙壁和黑漆桌子搭配燕麦色木地板,相得益彰。

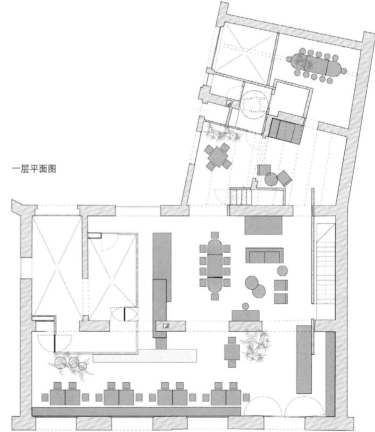

一层平面图

02 / 黄铜墙与墙壁衔接
03 / 全视图
04 / 主入口接待处
05 / 内视图
06 / 拱门和室内布局

04

05

06

孙小姐的花店

37° White

项目地点 / 中国, 江苏
项目面积 / 180 平方米
完工时间 / 2017 年
设计公司 / D+space design Ltd.
摄影师 / Fancy Images
委托方 / Sun's flower shop
预算 / 20 万人民币

店铺的门头设计采用白色, 在周围的红砖映衬下, 显得格外夺目。门头上方放置着高低错落的热带植物, 使顾客还未进入花店, 就被它的特有气质所吸引。

01 / 店面
02 / 鲜花销售区

一楼入口处放置了三组高高低低的花架, 用来摆放鲜花。左边墙面的层架上展示着永生花、香薰和蜡烛等礼盒。吧台位于一楼后半段, 以确保花艺师的创作空间相对独立, 不受干扰。空间最里面则是储藏鲜花的大容量冷库, 以供应日常的销售。一楼夹层处设置一个吧台和三种不同类型的桌椅, 可以实现与一楼无障碍交流。人们坐在吧椅上可直接看到楼下的三组鲜花展示区, 以及从长条形玻璃处透进来的阳光。

二楼用于服饰展示和销售, 靠近大型落地窗前的区域用于展示产品。整个空间设计成 U 字形, 顾客在浏览一圈之后便可到达试衣间, 而试衣间附近就设有收银台, 使顾客无须折返, 方便买单。设计师在下楼的楼梯旁设计了洗手间, 便于顾客更换衣物后补妆。二楼夹层处是员工办公区。一楼夹层和二楼的连接处, 设计师设计了直通到顶的楼梯, 这一灵感来源于越南的瘦楼。在狭长的空间中, 为了确保空间最大的使用率以及舒适度, 楼梯的角度以及每一级楼梯的高度, 都是在设计师反复研究和比较之后设定的。楼梯处的扶手采用钢结构。楼梯一侧是水培植物展示区。用木材打造大小不一的正方形盒子, 用于展示植物, 其与正方形的钢结构相互呼应, 使得空间具有功能性和趣味性。

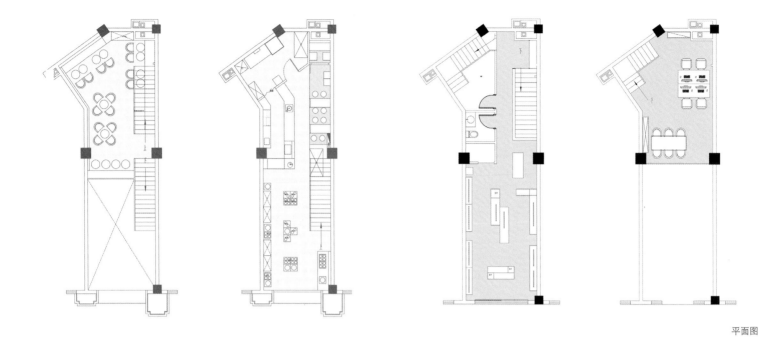

平面图

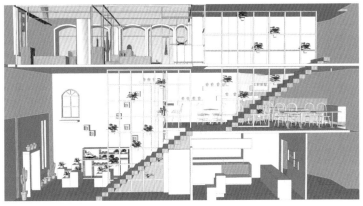

剖面图 01

剖面图 02

03 / 入口
04 / 休息区
05 / 工作区

05

BRAC 书店
BRAC Bookstore

项目地点 / 意大利, 佛罗伦萨
项目面积 / 75 平方米
设计公司 / DEFERRARI+MODESTI
摄影师 / Anna Positano

书店位于意大利佛罗伦萨市, 是由现代艺术书店和餐饮区组成的多功能空间。店外庭院中悬挂着 5000 多条织物彩带, 彩带共 9 种颜色, 每条彩带宽 5 厘米, 长度在 75 到 175 厘米之间。这些彩带强调了空间的垂直感和色彩, 为置身其中的顾客带来情感体验。

彩条悬挂在由钢缆组成的轻质模块结构上, 钢缆固定在院墙上, 高度不超过书店室内的天花板。随着书店的需求变换形式, 在不同季节中展现出不同样貌。在模块结构之上, 建筑师设置吸音层, 用来吸收噪声, 使夜晚中的书店成为人们安静的阅读区域。吸音层由吸声纤维织成的窗帘构成, 和彩带沿同样的钢缆布置, 由精确拉动系统控制, 能够覆盖整个庭院, 从而阻碍声音传播到周边的空间中去。庭院地面铺有灰色大理石颗粒, 设有沙石板步道, 与室内的竹制地面相呼应。

室内空间中, 墙壁上安有木质书架, 用来摆放图书。书架旁放置几张桌子, 供人们坐下来阅读。设计师还在一侧墙壁上设计了一个白色架子, 用来存放红酒和饮品, 供人们在阅读之余放松一下。地面为竹制地板, 代替了原有的瓷砖, 使室内空间更加和谐统一。书店内还摆放舒适的休闲沙发椅, 在这里, 人们可以交流读书心得, 举办读书会或者摄影展等活动。

01 / 入口视图

一层平面图

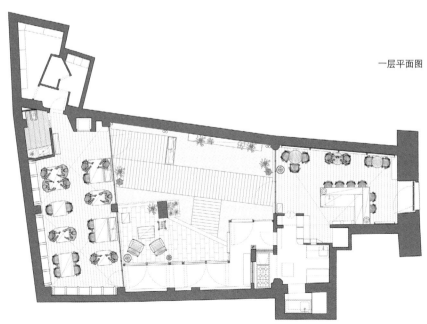

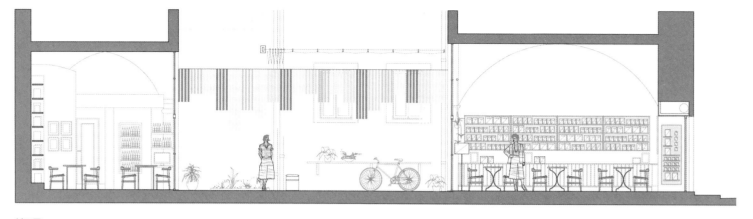

剖面图

02 / 阅读区
03 / 书架
04 / 墙上的饮料柜
05 / 阅读桌

02

言儿又旗舰店
Yan Ji You Flagship Store

项目地点 / 中国. 成都
项目面积 / 4082 平方米
完工时间 / 2017 年
设计公司 / Kyle Chan Design
摄影师 / Dick Liu
委托方 / Yan Ji You

01 / 儿童区入口
02 / 书籍区

旗舰店通常会展现出更高标准的设计水平和空间表达。"传达生活的可能性"是言儿又一贯的品牌精神。设计师以书籍为线索，契合"未来"主题，将探索性的设计表达贯穿不同的空间用途。几何的空间架构贯穿图书区的铁网，虚实相生，成为未来世界之中的有力支撑。这也是设计方和品牌方共同表达的精神，展现未来的无限可能。

店内狭长的空间，使人仿佛置身宇宙之中。黑与白的色调，营造出冷静而深邃的感觉，该处的设计灵感源自太空舱，用弧线划破狭长空间带来压抑与束缚的感觉。太空舱将人们送到一个未知地方，为人们提供专注思考的空间。咖啡区旁是三个不同的书籍展示区，也有美发区，顾客可以在同一环境中体验不同的服务。太空舱空间的图书区带领人们探索未来世界。全黑的空间背景，激发置身于其中的人的想象力，反光的地面映射着书柜。抬眼可及之处，是玻璃环绕而成的绿植岛屿，透明而独立。通过丰富的想象，艺术化的表达，材料娴熟的运用，空间尺度的精准拿捏，色彩质地的细微感知，设计师打破原有钢筋混凝土的僵硬，重塑人们对空间的理解，形成超越现实的想象。

儿童读书区采用童话和儿童读物中的视觉元素，以别致的动物概念设计为特点来吸引孩子们的注意。柔和的色彩和错落有致的书架宛如一座移动的城堡。堡垒般的书架、富有梦幻感的建筑均与对面的"星空墙"相映成趣，充满梦幻和童话色彩。演讲区是一个开放空间，位置醒目，人们可以在此互相交流，发表见解。安静的空间中，波纹形状的墙壁营造了动感的效果。

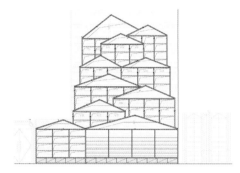

墙上书架技术图

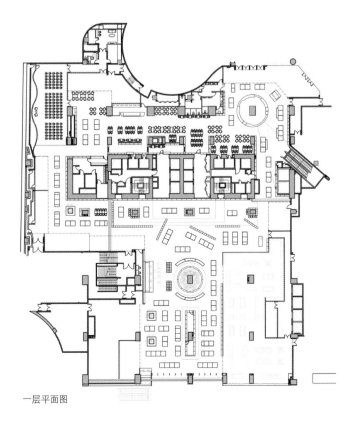

一层平面图

06 / 入口
07 / 演讲厅
08 / 收银台
09 / 咖啡吧
10 / 绿岛中心的玻璃盒子

钟书阁
Zhongshu Bookstore

项目地点 / 中国, 江苏, 苏州
项目面积 / 1380 平方米
完工时间 / 2017 年
设计公司 / Wutopia Lab
摄影师 / Hu Yijie, CreatAR Images

01 / 街道视图
02 / 彩虹阅读室

苏州钟书阁是继设计师设计第一家钟书阁五年之后的新作。书店分为四个主要功能区 (水晶圣殿、萤火虫洞、彩虹下的新桃花源和童心城堡) 和多个辅助功能区。设计师决定通过象征主义创造多彩世界。

书店入口是"水晶圣殿"新书展示区。当季的新书放置在专门设计的透明亚克力搁板上,仿若漂浮在空气中。设计师用玻璃砖、镜子和亚克力把这个区域塑造成纯净、发光的水晶圣殿,引导读者继续深入钟书阁的世界。接着就是推荐书阅读区"萤火虫洞"。一条幽深的隧道,连接中央大厅和入口的位置。顾客可以在此挑选书籍,并跟随光导纤维进入主阅读区。走过相对狭窄的区域到达"彩虹下的新桃花源",空间豁然开朗,大面积的落地玻璃幕墙带来明亮的自然光线。这里是最亮眼的一片区域,设计师利用书架、书台和台阶的不同高度,创造出悬崖、山谷、激流和绿洲。穿孔薄铝板,呈渐变色,宛如彩虹。彩虹落地形成的垂直曲线隔板将空间分成不同区域,营造出神秘的氛围。当彩虹绚烂的颜色逐渐归于平淡,钟书阁的尽头便浮现出一个白色椭圆形城堡,那就是儿童阅读区"童心城堡"。该区域外墙由 ETFE 膜组成。孩子们在这里可以无拘无束地浏览书籍并互相交流。

窗形的穿孔铝板在该项目中起到十分重要的作用。铝板尺寸和颜色各不相同,排列之后宛如一层面纱。每片铝板之间的间隔也尤为重要,创造出不同的空间,给人带来不同的体验。半透明的铝板削弱了各个空间之间的边界。此外,设计师利用灯光照亮色彩缤纷的书架,以吸引路人前往。

01

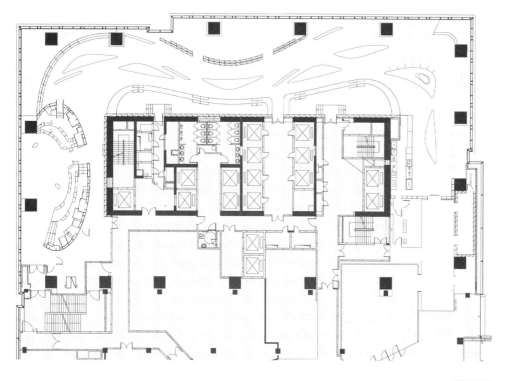

一层平面图

03 / 收银台
04 / 多彩阅读区的书架
05—06 / 渐变色薄铝板组成阅读区的天花板

03

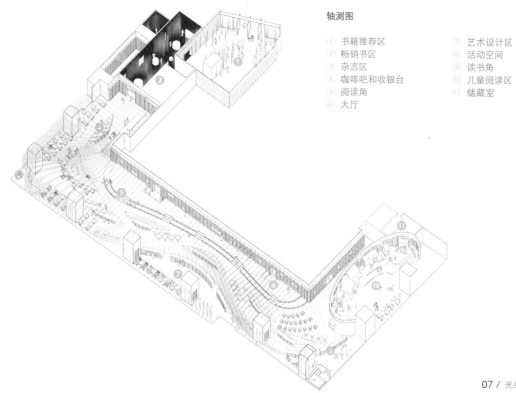

轴测图

① 书籍推荐区　　　　⑦ 艺术设计区
② 畅销书区　　　　　⑧ 活动空间
③ 杂志区　　　　　　⑨ 读书角
④ 咖啡吧和收银台　　⑩ 儿童阅读区
⑤ 阅读角　　　　　　⑪ 储藏室
⑥ 大厅

07 / 光纤电缆照亮畅销书区
08 / 嵌入式亚克力书架
09 / 阅读区

07

08

09

10 / 咖啡吧和收银台
11 / 阅读区
12 / 窗边舒适的阅读区
13 / 造型独特的薄铝板
14 / 明亮空间内的白色书柜

索引

3GATTI
P. 28
Web: www.3gatti.com
Tel: 0039 0645 2213 589

AD ARCHITECTURE
P. 188
Web: www.ADCASA.HK
Email: ad87122656@163.com
Tel: 0086 0754 8712 2656

ADHOC Architects
P. 124
Web: www.adhoc-architectes.com
Email: v.fleith@adhoc-architectes.com
Tel: 001 514 764 0133

AIM Architecture
P. 116
Web: www.aim-architecture.com
Email: info@aim-architecture.com
Tel: 0086 21 6380 5995

Amezcua
P. 50
Web: www.amezcua.mx
Email: contacto@amezcua.mx
Tel: 0052 556 842 0861

Beijing Muyoucun Architects Co., Ltd.
P. 184
Web: www.ateliertree.com
Email: info@ateliertree.com

Best Practice Architecture
P. 130
Web: www.bestpracticearchitecture.com
Email: hello@bestpracticearchitecture.com
Tel: 001 206 217 1600

Campaign
P. 142
Web: www.campaigndesign.co.uk
Tel: 0044 (0)1326 753 619

CLS architetti
P. 36
Web: www.clsarchitetti.com
Email: studio@clsarchitetti.com
Tel: 0039 0286 6247

Csiszer Design Studio
P. 156
Web: www.csiszertamas.com
Email: info@csiszertamas.com; office@csiszertamas.com
Tel: 0036 306 783 676

DEFERRARI+MODESTI
P. 218
Web: www.deferrari-modesti.com
Email: info@deferrari-modesti.com
Tel: 0039 055 512 0335

DESIGN & CREATIVE ASSOCIATES
P. 176
Web: www.dreamcomesasia.com
Email: kawaguchi@dreamcomesasia.com
Tel: 0081 84 28 3840 9068

D+space design Ltd.
P. 214
Web: www.dpluspace.lofter.com
Email: dillon1713@126.com
Tel: 0086 0512 6874 620

Guise
P. 42
Web: www.guise.se
Email: jk@guise.se
Tel: 08 400 11 400

Hatem+D
P. 180
Web: www.hatem.ca.com
Email: info@hatem.ca
Tel: 001 418 524 1554

i29 interior architects
P. 62
Web: www.i29.nl
Email: info@i29.nl
Tel: 0031 206 956 120

Ippolito Fleitz Group GmbH
P. 160
Web: www.ifgroup.org
Email: info@ifgroup.org
Tel: 0049 (0)711 993 392 330

Jakob+MacFarlane
P. 102
Web: www.jakobmacfarlane.com
Email: press@jakobmacfarlane.com
Tel: 0033 144 790 572

Jean de Lessard—Designers Créatifs
P. 120, 202
Web: www.delessard.com
Email: designmontreal@ville.montreal.qc.ca
Tel: 001 514 872 8076

Jordana Maisie Design Studio
P. 74
Web: www.jordanamaisie.com
Email: info@jordanamaisie.com

jump & fly
P. 196
Web: www.jumpandfly.es
Email: info@jumpandfly.es
Tel: 0034 629 301 592

Kyle Chan Design
P. 224
Web: www.kylechandesign.com
Email: 001 213 926 2430

la SHED architecture
P. 146
Web: www.lashedarchitecture.com
Email: info@lashedarchitecture.com
Tel: 001 514 277 6897

mode:lina™
P. 206

Web: www.modelina-architekci.com
Email: hello@modelina-architekci.com
Tel: 0048 612 231 212

MVSA Architects
P. 68

Web: www.mvsa-architects.com
Email: j.polak@mvsa-architects.com
Tel: 0031 20 531 9800

Neri&Hu
P. 108

Web: www.neriandhu.com
Email: press@neriandhu.com
Tel: 0086 21 6082 3788

Nick Leith-Smith
P. 98

Web: www.nickleithsmith.com
Email: info@nickleithsmith.com
Tel: 0044 (0)20 7351 1030

NiiiZ Design LAB
P. 80, 138

Web: www.niiizdesignlab.com
Email: niiizdesign@naver.com
Tel: 0082 016 309 9743

OHLAB
P. 18

Web: www.ohlab.net
Email: pr@ohlab.net
Tel: 0034 971 919 909

Onion Co., Ltd.
P. 15

Web: www.onion.co.th
Email: info@onion.co.th
Tel: 0066 2 679 8282

Piuarch
P. 170

Web: www.piuarch.it
Email: studio@piuarch.it
Tel: 0039 028 909 6130

Storage Associati
P. 210

Web: www.storageassociati.com
Email: benedetta.riva@storagemilano.com
Tel: 0039 024 549 0454

Studio Ramoprimo
P. 24

Web: www.ramoprimo.com
Email: info@ramoprimo.com
Tel: 0086 010 5612 9727

Tao Lei Architect Studio
P. 192

Web: www.i-taoa.com
Email: t@i-taoa.com
Tel: 0086 10 5762 6192

TORAFU ARCHITECTS
P. 15

Web: www.torafu.com
Email: torafu@torafu.com
Tel: 0081 03 5498 7156

Tsou Arquitectos
P. 152

Web: www.tsouarquitectos.com
Email: info@tsouarquitectos.com
Tel: 00351 966 816 224

URBANTAINER Co. LTD
P. 92

Web: www.urbantainer.com
Email: alice@urbantainer.com
Tel: 0082 02 540 6080

Weiss-heiten
P. 134

Web: www.weiss-heiten.com
Email: paris@weiss-heiten.eu
Tel: 0033 (0) 6 6910 2480

WSDIA | WeShouldDoItAll
P. 86

Web: www.wsdia.com
Email: info@wsdia.com
Tel: 001 347 529 1644

Wutopia Lab
P. 230

Email: lisa.liransun@gmail.com
Tel: 0086 156 0165 9291

X+Living
P. 54

Web: www.xl-muse.com
Email: ritachowpress@gmail.com
Tel: 0086 136 3161 4151

Xpacio
P. 196

Web: www.xpacio.net
Email: info@xpacio.net
Tel: 0034 910 074 098

图书在版编目（CIP）数据

全球时尚店铺／（新西兰）布兰登·麦克法兰（Brendan MacFarLane）编；李楠，贾楠译.—桂林：广西师范大学出版社，2018.5
　ISBN 978 - 7 - 5598 - 0641 - 3

　Ⅰ．①全… Ⅱ．①布… ②李… ③贾… Ⅲ．①零售商店－室内装饰设计－世界 Ⅳ．①TU247.2

中国版本图书馆 CIP 数据核字（2018）第 051031 号

出 品 人：刘广汉
责任编辑：肖　莉
助理编辑：李　楠
版式设计：张　晴
广西师范大学出版社出版发行

（广西桂林市五里店路 9 号　　邮政编码：541004）
（网址：http：//www.bbtpress.com）

出版人：张艺兵
全国新华书店经销
销售热线：021 - 65200318　021 - 31260822 - 898
恒美印务（广州）有限公司印刷
（广州市南沙区环市大道南路 334 号　邮政编码：511458）
开本：635mm×965mm　　 1/8
印张：30　　　　　　字数：35 千字
2018 年 5 月第 1 版　　2018 年 5 月第 1 次印刷
定价：268.00 元